日本農業市場学会研究叢書 —— ⑲

# フードバンクの多様性とサプライチェーンの進化

食品寄付の海外動向と日本における課題

小林富雄・野見山敏雄【編著】

筑波書房

# 目　次

## 序　章　フードバンクの位置づけと日本の現状 …………………… *1*
　　第1節　サプライチェーンにおけるフードバンクの存在意義 ……… *1*
　　第2節　日本におけるフードバンクの課題 …………………………… *4*
　　第3節　分析方法と本書の構成 ………………………………………… *8*

## 第Ⅰ部　世界のフードバンクとその多様性 ………………………… *13*

## 第1章　フードサプライチェーンにおける寄付行動
　　　　　―フードバンクの国際比較におけるフレームワーク― ……… *15*
　　第1節　課題と方法 …………………………………………………… *15*
　　第2節　贈与研究の進展とマーケティング論からの分析 ………… *17*
　　第3節　世界のフードバンクにおける多様性 ……………………… *21*
　　第4節　食品寄付と貧困問題 ………………………………………… *25*
　　第5節　小括：多様化するフードバンク分析のフレームワーク …… *27*

## 第2章　フランス：フードバンク活動による食品ロス問題への対応と
　　　　　品揃え形成およびその政策的背景 ……………………………… *31*
　　第1節　食品ロス削減に対するフードバンク活動への期待と矛盾 …… *31*
　　第2節　フランスの廃棄物規制とフードバンク支援政策 ………… *35*
　　第3節　バンク・アリマンテールによる食料配布の仕組み ……… *38*
　　第4節　バンク・アリマンテールの食料収集経路 ………………… *40*
　　第5節　食料としての消費を前提とした食品収集方式 …………… *46*
　　第6節　小括と残された課題 ………………………………………… *47*

*iii*

## 第3章　韓国：フォーマルケアとしてのフードバンクの普及に関する分析
　　　　　―韓国社会福祉協議会の事例― ……………………… *51*
　第1節　はじめに ………………………………………………… *51*
　第2節　研究の方法 ……………………………………………… *56*
　第3節　調査結果 ………………………………………………… *61*
　第4節　議論と小括 ……………………………………………… *68*

## 第4章　イギリス：フードバンク普及における大規模小売業者の役割 …… *73*
　第1節　はじめに ………………………………………………… *73*
　第2節　生活困窮者とフードバンク活動 ……………………… *75*
　第3節　WRAPの機能と法整備 ………………………………… *79*
　第4節　市民運動とフードバンクの推進 ……………………… *84*
　第5節　大手小売業者のフードロス対策と食品寄付 ………… *87*
　第6節　小括 ……………………………………………………… *93*

## 第5章　オーストラリア：産業化するフードバンクの分析 ………… *97*
　第1節　課題と方法 ……………………………………………… *97*
　第2節　オーストラリアの概況 ………………………………… *99*
　第3節　ケーススタディ ………………………………………… *102*
　第4節　小括 ……………………………………………………… *116*

## 第6章　香港：インフォーマルケアとしてのフードバンクの発展と多様化
　　　　　―活動の多様性と政策的新展開― ……………………… *121*
　第1節　課題設定 ………………………………………………… *121*
　第2節　分析の方法 ……………………………………………… *122*
　第3節　調査対象の概要 ………………………………………… *123*
　第4節　ケーススタディ ………………………………………… *125*
　第5節　小括 ……………………………………………………… *131*

第 7 章　台湾：カルフールの取組と台中市地方条例制定への進展 ……… *139*
　　第 1 節　課題の設定 ………………………………………………… *139*
　　第 2 節　台湾における貧困問題と食品廃棄物問題の概況 ……… *140*
　　第 3 節　台湾FBにおける提供体制の拡充 ……………………… *148*
　　第 4 節　カルフール台湾の食品寄付活動 ………………………… *156*
　　第 5 節　小括 ………………………………………………………… *159*

第Ⅱ部　日本のフードバンクにおける現状と課題 …………………… *163*

第 8 章　寄付食品の栄養学的側面と栄養バランス向上における課題 … *165*
　　第 1 節　緒言 ………………………………………………………… *165*
　　第 2 節　データとアクセス方法 …………………………………… *166*
　　第 3 節　結果および考察 …………………………………………… *168*
　　第 4 節　小括 ………………………………………………………… *180*

第 9 章　行政との協働から自立へと進化するフードバンク山梨 …… *185*
　　第 1 節　活動の歴史 ………………………………………………… *185*
　　第 2 節　活動の特徴 ………………………………………………… *188*
　　第 3 節　ボランティアの参加の現状と課題 ……………………… *191*
　　第 4 節　これからの展開課題 ……………………………………… *193*

第10章　フードバンク多文化みえにみる地方都市での活動成立要件 … *195*
　　第 1 節　はじめに …………………………………………………… *195*
　　第 2 節　三重県のフードバンク活動とそのアクター …………… *200*
　　第 3 節　フードバンク活動の全体像 ……………………………… *208*
　　第 4 節　考察：普遍的な課題と地方特有の課題 ………………… *211*
　　第 5 節　評価と展望 ………………………………………………… *213*

*v*

第11章　福岡県における物流からみたフードバンク運営と企業・行政
　　　　との関係性 ･･････････････････････････････････････････ *215*
　　第1節　はじめに ････････････････････････････････････････ *215*
　　第2節　各FBの形態と特徴，行政との関係性 ････････････････ *219*
　　第3節　小括と残された課題 ･･････････････････････････････ *226*

第12章　フードバンク山口における分散型都市の連携課題 ････････ *231*
　　第1節　はじめに ････････････････････････････････････････ *231*
　　第2節　山口県の特徴 ････････････････････････････････････ *231*
　　第3節　フードバンク山口 ････････････････････････････････ *233*
　　第4節　課題と展望 ･･････････････････････････････････････ *237*

終　章　総括とフードバンクの課題 ････････････････････････････ *241*
　　第1節　各章の要約と論点 ････････････････････････････････ *241*
　　第2節　フードバンクの存在意義と寄付食品の半商品性 ･･････ *250*
　　第3節　フード・シチズンシップ運動とフード・プロジェクト ･･････ *255*
　　第4節　これからのフードバンク ･･････････････････････････ *257*

おわりに ････････････････････････････････････････････････････ *261*

**序章**

# フードバンクの位置づけと日本の現状

## 第1節　サプライチェーンにおけるフードバンクの存在意義

　1967年に世界ではじめてアメリカでフードバンク（以下，FB）が誕生し，その後，フランスで1984年に設立，韓国においては1998年の実証事業へと世界中に伝播した。日本でも2002年にセカンドハーベスト・ジャパンの取り組みが始まり，寄付された食品を福祉施設に配布する「卸売型」を基本としながら多様な食料支援の仕組みが模索されてきた。近年は「こども食堂」という具体的な利用者を前提にした寄付募集のアプローチも活発化し，それらの活動は，概ね国内メディアに好意的に受け止められ，その存在が疑われることはほとんどない。

　しかし，世界を見渡すと日本のように単純な受け止められ方をしているわけではない。例えば，Tarasukら（2005）はカナダのFBを取り上げ，「労働集約的なボランティアの不満，FB受益者の存在，そしてその受益者のFBに対する権利の欠如によって可能になっている」とし，「地域社会の飢えや食糧不安に対する効果的な対応を抑制する」と批判した。また，Horstら（2014）はオランダのFBの受益者17名への質的インタビュー調査を通じ，スティグマ（Stigma）という表現を用いて，受益者の自尊心を傷つけてしまうことを明らかにしながらFBの負の側面（Dark Side）を論じた。さらに，Boothら（2014）は，オーストラリアでは「フードバンク産業（Food banking industry）」化しており「（貧困などの）[1]疑問，議論，そして構造的な変化を逸らすことで，新自由主義のメカニズム（neo-liberal mechanism）を維持」し，「貧困改善のためには何もしていない」と結論づけている。

---

（1）筆者注。

後述するとおり，データ上はFBの取組みと貧困率の間には何の関係も見出だせない。そして，政府の一人あたりGDPに対する社会支出割合（Social spending，以下SS）が貧困解決には重要であることには変わりはない。しかしFBの機能は複合的であり，例えば，フードサプライチェーン（食料の供給連鎖，Food Supply Chain：FSC）における作りすぎの食品を福祉の分野で需要開拓し，Tarasukら（2005）の主張とは反対に，多機能性を生かして多数の関係性を生み出し地域コミュニティを活性化することもありうる。一方で，多機能であるがゆえに，それぞれの機能を単体で評価すると，専業である団体と比べ物理的インパクトは弱く，客観的な評価がされ難いのかもしれない。

　詳細な分析は第1章に譲るが，各国FB団体の年報から簡易的に集計した食品寄付量（Quantity of Food Donation：QFD）は，**図序-1**のとおり相対的貧困率（Poverty Rate：PR）との相関が弱く（$r=-0.23878$），FBが食料を配布するだけで貧困問題が解決するとは言い切れないことを示している。

　また，2016年のGDPに占める一人あたりSSは，フランス31.5％，日本23.1％，米国19.3％，英国21.5％，韓国10.4％，豪州19.1％であるが，これも**図序-2**のとおりQFDとの相関はみられず（$r=0.101346$），数字の上では，QFDがSSとの補完関係にあるとか相乗効果があるなどといえるレベルにはない。その一方で，SSとPRの間には負の相関が確認できる（$r=-0.490602$）。このように，残念ながら上記の分析では，FB活動による貧困改善に対しての効果は不明であり，PR改善に直結するSSは，今もなお福祉政策における有効な手法であり続けていると結論付けられる。

　この結果は，FBの評価軸として自立支援の仕組みが備わっているか否かが問われることをも意味するだろう。つまり，福祉を目的に活動をする場合，単純に食料を融通するだけでは不十分であり，FB単体で実施するかどうかは別として支援システム全体のどこかに教育，地域コミュニティによる関係性の担保，就労支援などをパッケージ化しなければ存在意義はなくなってしまうかもしれないのである。しかしFB活動を契機として，FSCのなかに個

序章　フードバンクの位置づけと日本の現状

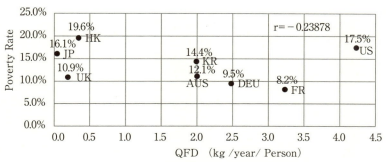

**図序-1　QFDとPoverty Rateの散布図**

資料：QFD：各国FBの年次報告書（2015年）における食品取扱量を，同年の人口（World Population Prospects：The 2015 Revision）で除した。
PR：OECD（2017），Poverty rate（indicator）. doi: 10.1787/0fe1315d-en（Accessed on 25 August 2017），香港のみ「香港ポスト」（2013年10月1日付）より引用した。なお，それぞれ最新のデータを引用したため年次は異なる。

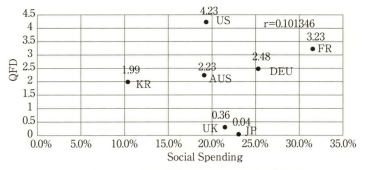

**図序-2　QFDとSocial Spendingの散布図**

資料：QFD：図序-1と同様。
SS：OECD（2017），Social spending（indicator）. doi: 10.1787/7497563b-en（Accessed on 26 August 2017）。日本のみ2013年，その他は2016年である。

人や企業の寄付者（Donor：ドナー），そして受益者（Beneficiary）という新しいアクターが加わり，次章以降検討するCSR（Cooperate Social Responsibility）やCSV（Creating Shared Value）という企業行動や消費者行動の変化が誘発され，社会的な寄付や贈与による食品の新たな流通チャネルが広がる可能性もある。

## 第2節　日本におけるフードバンクの課題

### 1）多機能性への評価

　本書出版直前の2019年5月24日，日本では議員立法による「食品ロス削減推進法」が成立したばかりだが，国がFBを支援することが明記された[2]。但し，その法律の名称から推測すれば，FBが食品ロス削減策の1つという位置づけになる懸念もある。その場合，FBの食品ロス削減以外の機能の発展が相対的に遅れてしまう可能性もないわけではない。

　先述した通り，森林保全等の他の専業団体と比べて，個別の効果が弱いFB活動が健全な発展を遂げるには，他の法律や条例などにより多元的な評価軸を整備・新設したり，ドナー等の支援者や利用者からも直接評価を仰ぐ必要がある。すでに日本のFBの多くは，福祉面では短期間の「緊急支援」としての機能を強調し，本格的な自立支援については連携している福祉団体に引き継ぐことを明言していることが多い。FBの食料支援先となる「こども食堂」では，ミーンズテスト（means test）[3]を実施せず，安心・安全な地域の憩いの場を提供するという「総合力」を活かした活動であることも前提にしている事業所がほとんどである[4]。いずれも，活動の目的を明確にしてアピールを試みているが，その多機能性ゆえに正確に理念を伝え，それを理解してもらうことは至難の業であろう。とはいえ，具体的な社会貢献の方向性を示すことは重要な広報戦略であり，FB活動の自己保身のためだ

---

（2）朝日新聞，2019年5月24日付。
（3）社会保障の給付申請の際，申請者が要件を満たすかどうか判断するため，行政福祉側が行う資力調査のこと。
（4）ふくおか筑紫フードバンク，フードバンク北九州ライフアゲイン等へのヒアリングによる。Florenceウェブサイト（2017）によると，「対象を限定しないこども食堂が圧倒的多数」であり，「地域の繋がりができるコミュニティとしては機能している」という。但し，そうすると「困っている子は見えない」という壁に突き当るため，試行錯誤している状態であるという。

けに広報してしまうとドナーどころか利用者の理解すら得られないことになってしまう。

　海外では，Booth（2014）のように，FBの拡大と定着について批判しながらも「不十分な社会政策と政府の失敗の早期警戒システム（an early warning system of inadequate social policies and the failure of government）としての役割を果たす」というユニークな見方がある。またドイツでは，FBのTafelが「問題の長期的解決になることはない」としたうえで，「FBが存在しなければならないことが恥ずべきこと」と政府の失敗を示唆する発言をしている。さらに，「FBに貧困者が頼らなくてもいいように」FB自身が国に手厚い社会福祉を求めるアドボカシー（Advocacy：支援）活動を実施しているケースもある。例えば，イギリスのTrussel Trustは2012年の社会保障改革を強く非難し[5]，アメリカのFBも，補助的栄養プログラム（Supplemental Nutrition Assistance Program：SNAP）を後退させる政策を批判しながら「公的扶助の擁護者として立ち現れている」という。これらは，FBより公的扶助が重要であるという，いわば「自虐的」に組織の自己保身に走らない行動をアピールすることで，FBが社会的評価を得ることに成功している[6]。

　一方，現段階ではQFDが少ない日本においては，FB関する議論も一面的でまだ成熟していない。行政の福祉予算削減のためにFBが利用されるという懸念もあり，そのために現段階では食品ロス削減という文脈での評価を強調することも必要であろうが，今後活動が拡大するにしたがって，福祉機能や地域コミュニティ形成などを含めたFB多機能性を包括的に議論し多面的に評価することが求められるであろう。

---

（5）Cooperら（2014）p.15を参照。
（6）FBの評価に関する研究については，小関（2018）p.134を参照。

## 2）運営資金

2017年10月16日に開催されたセカンドハーベスト・ジャパン（以下，2HJ）の総会で，理事長のチャールズ氏は挨拶の中で受益者に対する「運営協力金」提供を要請した。各種メディア報道陣も参加するなか，無償で利用しているとはいえ高級ホテルで総会を開催し順風満帆かにみえた2HJでさえ，運営資金難という日本のフードバンク共通の課題に直面している事実に，一部関係者は困惑を隠せずにいた。**下図**のとおり，2HJの受け入れ寄付金が東日本大震災のあった2011年の約半分の水準にまで落ち込んでしまったことがその理由の一つにある。2011年は「寄付元年」ともいわれ，日本全体では増加傾向を維持しているが[7]，諸外国と比較すると日本のFBは，運営資金面で高すぎるハードルをいくつも克服しなければならないだろう。

私は拙著（2018）において，2HJが国内にフードバンク活動の普及に尽力してきたこと，そして東日本大震災の際には国内NPOとしていち早く被災地に入り復興支援に尽力していることを高く評価した。一方で，2HJが外資系企業からの寄付金を中心にした運営資金により成功し，地方のFBとの格差が大きすぎることも指摘した。しかし，現段階ではそのありようが様変わ

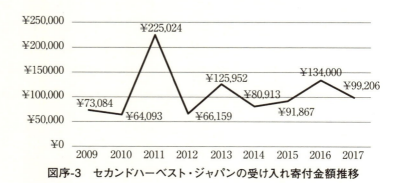

**図序-3　セカンドハーベスト・ジャパンの受け入れ寄付金額推移**

資料：セカンドハーベスト・ジャパン監査報告書各年版より。

---

（7）日本ファンドレイジング協会（2015）。

りしているのかもしれない[8]。

　食品は過剰だが，それの仕分け，輸送，記録などの業務に関わる労働力や運営資金の不足は，FBが大きくなるに従って顕著となり，今や国内FBの共通課題となった。FBをFSCの一部として分析するならば，その提供する食品の量やアイテム数，腐敗性と適切な温度管理，そして納期などをバランスよく最適化しなければならず，自ずと適正規模，適正な成長スピードというものも意識せざるを得なくなる。本書では現状分析に重点を置いているため，今後2HJがどのように成長するのかは十分議論できているわけではないが，日本のFB全体がその発展における大きな転換点を迎えつつあることは間違いない。

### 3）利用者満足と品揃え

　日本のFBは，物量的には他国に大きく見劣りしている。一方，FB活動団体数は今や70を超え，寄付食品を利用することもある「こども食堂」も近年激増している。こども食堂安心・安全向上委員会の発表によると，2018年には全国2,286ヶ所に達し，このようなフードチャリティの利用者満足や国内FBシステムで提供される食品の種類（品揃え）についても評価する必要がある。例えば，「あいあいねっと（フードバンク広島）」や「フードバンクかわさき」では，コミュニティレストランやDV支援に取り組む中で，QFDよりも品揃え（Assortment）を優先しているように見受けられる。もちろん両団体とも食品ロス削減という点では取扱量が重要な面もあるだろうが，FB活動における受給者の質的な満足を向上させるためには品揃えを強化することは避けては通れない。従って，受給者への理解を求めながらも，寄付食品の調達方法を革新させ，需給調整を図ることが課題となっている。

---

（8）一方で，一般論として過剰な投資により資金繰りが不健全化するような場合に，放漫経営をチェックする組織体制を敷く必要がある。本書ではそこまで踏み込めなかったが，非営利法人のガバナンスは非常に大きな問題であり，今後の課題として残る。

## 第3節　分析方法と本書の構成

　以上の問題意識から，本書では，環境問題や貧困問題からのアプローチが多いFBを，既存のFSCが抱えてきた過剰供給問題の解消，さらには希薄化する社会関係を保つ活動などを積極的に評価しながら，農産物市場論や流通論，マーケティング論等の方法論に依拠し，その発展可能性を議論することを目的としている。特に「多機能性への評価」，「運営資金」，「受給者満足と品揃え」以上の3点からのアプローチを念頭に置いている。また，データが入手できたものについては，政策分析を加えたり，福祉や利用者満足等についても言及した。

　本書の構成は次のとおりである。第1章から第7章までを「第Ⅰ部　世界のフードバンクとその多様性」とし海外の事例からFB発展の多様性を確認する。そして，第8章から第12章では「第Ⅱ部　日本のフードバンクにおける現状と課題」とし課題が山積する国内事例分析を行い，今後の発展に向けた解決の方向性を検討するという展開を試みた。各章の初出は，下記のとおりであり，第8章，第9章，第10章，第12章，終章は書き下ろしである。

序　章　　小林富雄（2018）「世界のフードバンクと発展の課題」『生活協同組合研究』2018.7 Vol.510, pp. 22-29

第1章　　小林富雄（2018）「フードサプライチェーンにおける寄付行動の多様性―フードバンクの国際比較におけるフレームワーク―」『流通』No.42, pp. 75-83

第2章　　杉村泰彦・小林富雄（2019）「フードバンク活動における食品の収集方式と品揃え形成―フランス　バンク・アリマンテールの事例―」『農業市場研究』第27巻第4号, pp.1-10

第3章　　Kobayashi, T., Kularatne, J., Taneichi, Y., Aihara, N.（2018）Analysis of Food Bank implementation as Formal Care

Assistance in Korea, British Food Journal, Vol. 120, Issue 01, pp. 182-195, DOI：10.1108/BFJ-03-2017-0138

第4章　小林富雄・本岡俊郎（2019）「イギリスのフードバンク普及における大規模小売業者の役割―フードロス対策における官民活動を通じて―」『農業・食料経済研究』第65巻2号

第5章　小林富雄（2019）「産業化するフードバンクの分析―オーストラリアのケーススタディ―」『流通』No.44

第6章　小林富雄・佐藤敦信（2016）「インフォーマルケアとしての香港フードバンク活動の分析―活動の多様性と政策的新展開―」『流通』No.38, pp.19-29

第7章　佐藤敦信・小林富雄（2018）「台湾フードバンクにおけるカルフールの取り組み―台中市地方条例制定への進展―」『流通』No.42, pp.39-54

第11章　種市豊・西田周平・小林富雄（2018）「地方フードバンク運営における継続性に関する一考察―福岡県における物流からみたフードバンク運営と企業・行政との関係性―」『企業経営研究』No.21, pp.49-63

　なお，できるだけ用語の統一を図ったものの，一部に統一せず著者の意図に沿った表記がある。たとえば，フードバンクからの受給者等のアクターの呼称等についてである。海外ではFB利用者のことを受益者（Beneficiary）と表記することが多いが，本書では寄付を前提とした場合には受益者，福祉を前提とした場合には，受給者や生活困窮者などの表現を用いている。また，寄付者（ドナー：Donor）や供給者の表現も同様の文脈で用いるよう努めた。どちらにも区分できないような場合には，一般的な呼称として，利用者，提供者という表現も適宜使用した。

　なお本叢書は，JSPS科研費15K07627, JP15K07615, JP18K05849の助成を受け実施した成果の一部である。

※本章の１．２．は，小林富雄（2018-2）を大幅に加筆訂正し掲載した。

**参考文献**

［１］Booth, Sue（2014）"2 Food Banks in Australia: Discouraging the Right to Food"（Riches, G., Silvasti, T.（2014）First World Hunger Revisited -Food Charity or the Right to Food?- 2nd ed., New York, NY: Palgrave Macmillan, pp.15-28）

［２］Booth, Sue and Whelan, J.（2014）Hungry for change: the food banking industry in Australia, British Food Journal, Vol.116 No.9, pp.1392-1404

［３］Cooper, N., Purcell, S. and Jackson, R.（2014）Below the Breadline: The Relentless Rise of Food Poverty in Britain, London: Church Action on Poverty, Oxfam and Trussel Trust.（https://oxfamilibrary.openrepository.com/oxfam/bitstream/10546/317730/1/rr-below-breadline-food-poverty-uk-090614-en.pdf）

［４］Tarasuk, V. and Eakin, J. M.（2005）*Food assistance through "surplus" food: Insights from an ethnographic study of food bank work*, Agriculture and Human Values, Vol.22, Issue 2, pp.177-186.

［５］Van der Horst, H., Pascucci, S., & Bol, W.（2014）, *"The 'dark side' of food banks? Exploring emotional responses of food bank receivers in the Netherlands"*, British Food Journal, Vol.116 No.9, pp.1506-1520.

［６］小関隆志（2018）「第５章 アメリカのフードバンク―最も長い実践と研究の歴史―」佐藤順子編著『フードバンク 世界と日本の困窮者支援と食品ロス対策』明石書店，pp.127-147

［７］小林富雄（2018）『食品ロスの経済学』農林統計出版

［８］小林富雄（2018-2）「世界のフードバンクと発展の課題」『生活協同組合研究』2018年７月 Vol.510, pp.22-29

［９］日本ファンドレイジング協会（2015）『寄付白書』日本ファンドレイジング協会

**参考ウェブサイト**

［１］Florenceウェブサイト（2017）「子どもの貧困と自己責任論。湯浅誠が貧困バッシングに感じた「心強さ」とは」（https://florence.or.jp/news/2017/12/post21934/）

［２］Reuter（2018）German food bank draws fire over move to stop accepting new migrant clients（https://www.reuters.com/article/us-europe-migrants-germany-food-bank/german-food-bank-draws-fire-over-move-to-stop-

accepting-new-migrant-clients-idUSKCN1G72D2
［3］Tafelウェブサイト（ドイツ最大のFB）https://www.tafel.de/
［4］公明党新聞（2018）2018年4月6日「党プロジェクトチームが推進法案　取りまとめ消費者ら一体で国民運動」(https://www.komei.or.jp/news/detail/20180406_27833)

（小林富雄）

# 第Ⅰ部

# 世界のフードバンクとその多様性

## 第1章

# フードサプライチェーンにおける寄付行動
―フードバンクの国際比較におけるフレームワーク―

## 第1節　課題と方法

　世界の食料問題における関心は、グローバルな「南北問題」からローカルな「格差問題」にシフトしている。FAO（2015）によれば、2014～2016年に世界の飢餓人口は7億9,500万人であり、1990-92年の期間より2億1,600万人減少している。一方で、相対的貧困率が上昇傾向にある国は増加し、日本でも高齢化の影響に加え、子どもの貧困率は1985年の10.9％から2012年に16.3％へ大きく上昇した[1]。

　一方、食品ロス・食品廃棄物（Food Loss & waste：FLW）問題については、FAO（2011）で世界の発生状況が地域別に公開されて以降、各国の対策が加速した。APECでも2011年に設置した食料安全保障政策パートナーシップ（PPFS）において「2020年までに10％の食品ロスおよび食品廃棄物を減らす」という目標が掲げられた[2]。そして、2015年9月の国連サミットで採択された「持続可能な開発のための2030アジェンダ」の具体的行動指針

---

[1] 厚生労働省「国民生活基礎調査」による。相対的貧困率の定義は「世帯所得から税や社会保険料などを除いた1人当たりの手取り収入を順に並べ、真ん中となる人の金額（2015年は245万円）の半分（貧困線）に満たない人の割合である。子どもの貧困率とは、17歳以下の子ども全体のうち、貧困線に届かない収入で暮らす子どもの割合を示す。なお、2015年では13.9％と前回調査の2012年に比べ2.4ポイント改善しているが、OECD加盟国平均の13.3％を上回っている状況である。また、可処分所得でみると子どもの貧困は改善していないという指摘もある。http://editor.fem.jp/blog/?p=3318（2017年8月26日閲覧）
[2] 現在は見直し作業中である。

図1-1　UN；Sustainable Development Goals: SDGs
資料：国連広報資料。

SDGs（Sustainable Development Goals）12.3において「2030年までに小売・消費レベルにおける世界全体の一人当たりの食料の廃棄を半減させ，収穫後損失などの生産・サプライチェーンにおける食品ロスを減少させる」ことが明記された（図1-1）。

このような背景のもと，世界のフードサプライチェーン（FSC）を取り巻くFLWの発生抑制の動きは，過剰な食品を福祉に活用するFB推進の動きと連動しながら，法整備を含め各国の多様な対策を誘発することに繋がっている。特に，多面的な機能を持つフードバンク（FB）は，SDGs12.3のほか，1．貧困の撲滅，2．飢餓の撲滅，17．パートナーシップによるゴールの達成，など複数の項目が該当し得る。しかしながら，フードバンクの多様性をFSCから論じる際のフレームワークは確立されているとはいい難い。なぜなら小関（2018）では「欧米のフードバンク研究に関する先行研究の大多数は，福祉的観点，特にフード・インセキュリティの観点からフードバンクの意義を

論じたもの」であるし，日本の研究は拙著（2018）等「食品ロスの低減に重点」が置かれているものが多いからである。

　以上の動向を踏まえ，本章ではFSCを構成する企業や消費者のFBへの寄付行動やFBや福祉施設による再分配（Redistribution）を含む概念としてFSCを再定義する。そして，各国のFBによる食品寄付を通じた食品ロス削減の取組レベルを食品寄付量（Quantity of Food Donation：QFD）として定量化し，その発展の多様性を説明するフレームワークの設定を試みる。データは，各国のFB団体，流通事業者，行政等の各組織の責任者に対して事前に質問表を送り，半構造化されたデプスインタビューを平均1時間以上実施し，取得した[3]。また，文献調査のほか，現地視察を通じてデータを補完する質的調査，聞き漏らし等を事後的にE-mailで質問した。またWebや新聞記事などのgray literatureも適宜併用した。

## 第2節　贈与研究の進展とマーケティング論からの分析

　序章で述べたように，FBは1967年に米国でセントメアリーズ・フードバンクが民間の福祉活動（Informal Care：IC）として開始したのが世界で最初である。1984年にはフランスでも官民一体のFBが産声を上げ，1998年には韓国で環境対策モデル事業からスタートし公的な福祉活動（Formal Care：FC）として発展を遂げた。このようにFBは，食料援助（福祉）や廃棄物対策（環境），需給調整（農業）など多様な機能を持ち，それぞれが重複したり活動の濃淡があったりして多様性に富んでいる。その一方で，学術的には既存の古典的な経済学はもちろん，社会学や福祉関連の学問分野でも

---

（3）韓国はKobayashi et.al（2018）にあるように2011年12月（ソウル，テジョン），2012年9月（ソウル，テジョン），2013年10月（ソウル），2016年10月（チェジュ），アメリカはKim, S.（2015），Food Bank Yamanashi（2012）等の文献調査，香港は2015年9月，フランス（パリ，リヨン）とイギリス（ロンドン）は2017年2月に現地調査を実施した。その他2015年8月に中国（上海），2017年8月に台湾（台北，台中）も調査した。

研究のフレームワークは確立していない。拙著（2018）では物流論，拙著ら（2016）ではICとしての位置付けを試みたが，寄付行動について十分議論ができているとはいい難い。また拙著ら（2018）では，贈与を念頭に多様性の分析フレームワークを示唆したが韓国のみのケーススタディに留まっている。

　無償で財をやりとりする寄付行動のメカニズムを分析する研究については，文化人類学を端緒に，経済学やマーケティング論に波及し興味深い研究フレームがいくつか提示されている。贈与研究の原点といえるMauss（1954）は，贈与の「提供」とその「受容」，そして「返礼」の3つの義務の存在を課題提起した。この贈与交換のシステムは「全体的給付体系」とも呼ばれ，マーケットや貨幣の確立に先立つ仕組みであるとされた。Godelier（1996）は，さらに4つ目の義務として神に対する贈与の義務を加えた。櫻井（2011）はそれらを踏まえ，贈与が非人格的に形式化しながら強制力をもつ「税」に転化した過程を，「神」への贈与が転化したもの（租や調）と「人」への贈与が転化したもの（守護出銭など）に分け日本史的に説明した。さらに同著では中世は，市場経済と贈与経済が功利主義の精神を伴ったことで「両者が極限まで接近した時代」であるとし，贈与経済の現代的な存在意義を示唆した。

　Polanyi（1977）は，「希少性の概念に拠らずに人間の経済生活を組織する多様な社会的諸条件」[4]として，経済を「互酬・再分配・交換」の3つの統合パターンとした分析のフレームワークを提示した。佐伯（2012）は，自然からの「生命維持以上の過剰な」贈与は，「浪費」により消耗しつくすか，それらを蓄積して「成長」することで先延ばしするしかないと指摘し，その上でヴェブレンの見栄の競争（Emulation）を「（過剰性を浪費するバタイユの）普遍経済の原則に従っていただけ」と批判した。比嘉（2016）は，トンガのフィールドワークを通じて「ふるまいとしての贈与」を非言語コミュニケーションとして位置づけ，他人の目が贈与行動の一つの理由であることを示した。

---

（4）若森（2015），p.206参照。

マーケティング論においては，Solomon（2013）が，消費者行動論の立場から贈答品の購入動機について論じ，Gift Giving Rituals（贈与の儀式）には返礼をしなければならない「経済的交換」がベースにあり，思いやりなどの感情的なものに対する物資的な「象徴的交換」を経て関係が進展し「社交的表現」に焦点が移るとした。

食品ロスの根源である食の過剰性がどのように処理されるかは，現実的には廃棄だけでなく浪費から贈与まで極めて多様性を帯びることになる。フードバンクへの寄付のほか，飼料化や堆肥化，嫌気性発酵によるガス燃料化などのリサイクル，埋め立てや焼却，ロンドン条約により禁止されている海洋投棄，不法投棄に至るまで，数多くの選択肢があり，それぞれが様々な制度により管理されている。もちろん食品ロスを適正処理した上で廃棄することは，悪臭や伝染病など公衆衛生上の問題のほか「小売業主導で回避される価格リスク」，つまり市場価格を安定させるために正当化される場合もある。しかし，これらはすべて生産を抑制する「事前の需給調整」がなされず「事後的に需給調整している」ことが問題の本質である[5]。

これらの事後的な需給調整としての廃棄や一部のリサイクルには費用が発生しており，企業行動としてはこれも可能な限り回避したいという面がある。逆にCSR（Cooperate Social Responsibility）という企業の「ふるまい」として，発生抑制や寄付行動が誘発されることもある。福祉を目的とするFB活動は，このような両者を解決するため企業や個人に寄付行動を促す。日本最大のFBであるセカンドハーベスト・ジャパン（2HJ）は，寄付者（Donner）のメリットを提示しているが，**表1-1**はそれを筆者が内発的動機（左）と外発的動機（右）に区分したものである[6]。なお，ドナーのメリットのうち，

---

（5）拙著（2018）p.81参照。
（6）稲葉他（2010）p.78によれば，自立性を奪う統制の例として「報酬，罰，強要（理想や目標を含む），脅し，監視，競争，評価など」がある。ここでは，それらの統制がみられるものを「外発的な経営要因」とし，その他を「内発的な個人の欲求やニーズ」とした。

表 1-1　フードバンク・ドナーのメリットと動機づけ区分

| 内発的な個人の欲求やニーズ | 外発的な経営要因 |
|---|---|
| 従業員の士気高揚 | 廃棄コストの削減 |
| 食に関する喜び，体験 | 現物寄付控除の認定 |
| 社会的な環境負荷の削減 | 法令遵守（コンプライアンス） |
| 社会貢献活動の実施 | フリーマーケティングの実施 |

資料：2HJ ホームページより筆者作成。

　特に内発的動機については，そのDonationの効果を金銭的価値で計測しづらく，また受益者（Beneficiary）の感じ方によりFBから生まれる価値が大きく変動する不確実性をもつ。

　サービス・ドミナント（S-D）ロジックを提唱するLusch and Vargo（2014）は，過剰性を価値に変換するメカニズムを説明する際，「アダム・スミスが使用価値に代わるものとして交換価値を安易に用いてしまった」と批判した。農産物という「余剰有形財の生産と輸出」がイングランドを豊かにする唯一の方法であり，国内消費では国富を向上できないという極端な前提を置いてしまったためである。同著では，これを交換価値中心性（Exchange-value centricity）と呼び，経済学が，その前提としていたグッズドミナント（G-D）ロジックを暗黙的に助長し「様々なアクターたちの相互的な役割を企業に見えなくさせる」ことで，間違った規範的指示の下に企業行動が方向づけられることを危惧した。FAO（2011）が示すように，グローバルな食料過剰が恒常化した現在では，輸出を前提とするG-Dロジックは通用しなくなりつつある[7]。このような過剰性を帯びたマーケットでは，商品は交換価値だけで評価されると価格が暴落してしまうことから，本質的な使用価値を前提とした「価値共創」が重要な評価対象となる。前掲Lusch and Vargo（2014）では，それを，S-Dロジックと呼び，生産者と消費者で財と金銭を交換するという概念ではなく，サービスそのものの交換が基本的基盤であるとした。もちろんグッズが不要というわけではなく，それは「サービスを媒介する装

---

（7）例えば，肉食を嗜好性の高いものとすれば，食肉やその生産財となる飼料穀物の輸入については，本質的にはS-Dロジックで語られるべき問題といえる。

置」として機能する。そして，そのサービス交換はG-Dロジックの「等価交換」ではなく，「価値知覚が受益者によって常に独自に現象学的に判断される」。そして，単独で価値を創造できない事業体（アクター）は市場を通じて他のアクターのシグナルを読み解き，自身の資源を相手のそれと統合しながら価値を追求する。この一連の行為をアクターtoアクター（AtoA）と呼び，「使用価値」を発展させた「文脈価値（Value-in-context）」を創造するものと定義した。文脈価値とは，このように「共創相手」によって価値が変わることを示唆しており，返礼やふるまいなどの社交的表現を含め，相手との関係性が価値創造に大きく寄与する。このようにS-Dロジックは，文脈的な価値交換をするという点で，等価交換ではなく贈与交換に近い概念であることを想起させる。

以上の贈与研究やマーケティング研究のレビューを踏まえると，FBの本質は，交換価値を失った過剰食品の使用価値が，福祉活動を通じBeneficiariesというアクターとともに共創される活動といってよい。そして，その価値共創の体系が「文脈価値」を生むとすれば，各国の多様性を説明し得るのである。

## 第3節　世界のフードバンクにおける多様性

本節では，食品寄付に伴う交換の多様性を分析するフレームワークを設定することを目的に，各国の取り組みを比較分析する。ただし，各国の集計が金額や食数でカウントされているものを任意の方法で重量換算していたり，小さなFB団体の取扱量が把握できなかったり，そもそも情報がアップデートされていないなど正確性には課題が多い。そのため，あくまでも大雑把で相対的な傾向をみるものである点にご注意いただきたい。

**図1-2**は，各国の1人あたりQFDをグラフで示したものであるが，世界寄付指数（WGI）が第二位の米国が世界最大のFB大国となっている。寄付文化が少ないといわれる日本と比較すると，寄付文化とFB活動の間には関係

第Ⅰ部　世界のフードバンクとその多様性

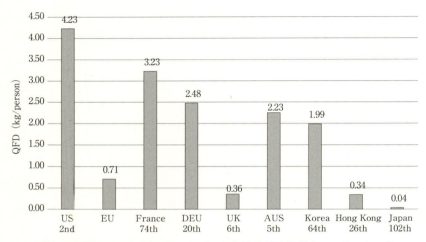

**図1-2　各国の一人あたりフードバンク寄付食品取扱量とWGIランキング**

注：1）各国のFB年次資料より2015年の食品取扱量を筆者推計し，同年の人口（World Population Prospects: The 2015 Revision）で除して算出した。
　　2）国名の下にある順位はWGI（World Giving Index 2015）による寄付行動の世界145カ国のランキングでHelping a stranger score（見知らぬ人を助ける），Donating money score（金銭の寄付をする），Volunteering time score（ボランティア労働をする）を合計して算出される。

がありそうだが，後述するように，実際には活動開始時期や法整備と政策的な動きが，多面的なFBの機能とも重なり，活動内容を複雑化させている。本節では，食品寄付に伴う交換の多様性を分析するフレームワークを設定することを目的に，米仏韓の取り組みを比較分析する。

米国では，1967年にセントメリーズ・フードバンク・アライアンス（SMFBA）により世界初のフードバンクとして活動がはじまった。現在では，全米に200を超えるFB団体とそれを統括するFeeding Americaが存在し，全米1,400万人の子供たちと300万人のシニアを含む年間3,700万人以上に食物を供給している。また国内で培ったノウハウを世界中に広めるGlobal Foodbanking Networkも組織され，国際的な研修事業も行われている[8]。

---

[8] Global Foodbanking Network HP参照。（https://www.foodbanking.org/）

第1章　フードサプライチェーンにおける寄付行動

　設立当初のFBは政府の補助金で活動していたが，1982年に補助金が廃止され，その代わり1976年の税制改革法（Tax Reform Act），1996年の「善きサマリア人法（the Good Samaritan Food Donation Act）」[9]が制定され，その後のFSCからの食品寄付の増加とFBの急成長に繋がった[10]。その後，米国の農務省（USDA）が，余剰農畜産物を買い取り，全国のフードバンクに寄贈する制度を作った。さらに毎年飢餓対策と健康的な食事の推進のための予算を確保し，フードバンクに対して年間5,100万ドル（約53億円）を支給している[11]。Foodbank Yamanashi（2012）によれば，SMFBAは政府から年間20億円分の食料と配送費用などの2億円分の資金提供を受けているという。

　米国政府はフードバンク以外にも「女性，幼児，子どもに対する特別補助的栄養プログラム（Special Supplemental Nutrition Program for Women, Infants, and Children：WIC）」に67億ドル，「補助的栄養支援プログラム（Supplemental Nutrition Assistance Program：SNAP, 通称フードスタンプ）」に718億ドルを支出している。このように米国では，公的な現物支給制度とFBが併存し，両者は相互補完関係にあるとみることも可能である。例えばSNAPはリーマンショック以降に大きく予算が増加したが，2013年以降は毎年50～60億ドルずつ減額されている[12]。そのため，米国内では次第にFBの重要性が増している。

　フランスでは，米国をモデルに1984年にパリでヨーロッパ初のFBが設立され，1986年には欧州全体への普及を目指し欧州フードバンク連盟（FEBA）

---

(9) 善意にもとづく食品寄付行為で事故があった場合の寄付者の免責規定を定めている。
(10) Kim（2015）p.150。
(11) 同上。
(12) 堤（2013）pp.10-11によれば，縮小の背景には「SNAP受給者の二人に一人がウォルマートで食品を購入」していたり，「SNAPによる偏った食事が生む病気が需要を押し上げる製薬業界」など，特定の大企業優遇に繋がるという批判もある。

第Ⅰ部　世界のフードバンクとその多様性

が設立された。翌1987年にEC（当時）が，共通農業政策（Common Agricultural Policy：CAP）における価格安定を図るための介入在庫を貧困者に無料配布するMDP（Food Distribution Programme for the Most Deprived Persons）[13]を開始し，フランスも任意加盟した。その後，需給ギャップ問題が解消に向かいCAPの介入在庫が減ったため，1995年より一時的に直接市場から食料を購入し贈与することが認められた。しかし，2008年には購入が恒常化したため，ドイツからの訴訟を経て2013年にMDPは廃止され，2014年に欧州貧困援助基金（Fund for European Aid to the Most Deprived：FEAD）へ移行した。こうしてフランスのFBは公的支援の強いシステムが構築された。また，WGIが74位と相対的に低いフランスでは，民間の食料寄付を誘発する必要があった。そこで個人寄付を推進するため，国民寄付（Collecte Nationale）が毎年11月末に実施され，12万人のボランティアが7,000以上のスーパーに集結，店頭で2,500万食分の寄付を集めている。また，ドナーである企業と受益者のマッチング制度として農業省が2011年12月に寄付市場（Bourse aux dons）を作った。対象となる寄付は食料品，物資，輸送，技術提供の4項目で，慈善団体や市町村慈善活動センター（CCAS）からは必要なもの，企業などからは寄付したいものをウェブサイト上にお互いが申請する。そしてニーズが合致すれば，当事者間で直接やり取りする仕組みである。

　韓国では，米国やフランスなどを参考にしながらも，1998年に行政主体の環境対策モデル事業からFBが始まった。これは焼却処理場の建設が難しく，埋め立てによる地下水汚染が深刻化したという韓国特有の事情が背景となっている。章（2010）によれば，政府の環境部が「最終消費段階における生ごみ排出を抑制するため，まだ新鮮で食べられる売れ残り食品を回収し経済的・社会的弱者に再配分するための政策手段の一つとしてフードバンクが取りあげられた」とある。

---

(13) フランス語ではPEAD（Programme Européen d'Aide Alimentaire aux Plus Démunis）として知られる。

第1章　フードサプライチェーンにおける寄付行動

　しかし，アジア通貨危機を背景に失業者率が1996年の2.0％から1998年に6.8％へ急増し，健康福祉部が環境部と共同でフードバンク活動を緊急対策として推進した。ここでFBは環境対策だけでなく，貧困対策・社会福祉制度としても位置づけられ，2000年5月には健康福祉部が社会福祉協議会を全国フードバンク（委託事業者）に指定した。2014年までに，ソウル特別市内の中央FB，大田広域市の中央物流センター，16の中核都市に広域FB，全国に291の地域FB，さらにはセルフ方式のコンビニ型FBを126箇所，合計434の全国ネットワーク拠点が整備された。韓国もフランス同様，WGIが低く，国家ぐるみの寄付促進策が試みられている。2001年の税制改正により，飲食料品の寄付は全額，寄付金等その他は寄付総額の30％までが所得控除可能となった。法人税，個人税ともに適用され，国内の認知度も高い。また，2006年には「食品寄付活性化法」により，寄付した会社の衛生事故における免責条項が盛り込まれた。中央FBの広報事業では，ソウル市役所前やソウル広場で食品寄付イベントを行ったり，MBC文化放送で2時間の特別番組を生放映したりした。個人寄付の受け付け電話番号「1688-1377」も告知され，家庭内に余っている食品をトラックで回収してもらうシステムもある。ある財閥系企業はFBへ寄付する食品は，50％が返品された食品，30％が生産余剰であるが，残りの20％はFBのニーズに合わせてFB用にわざわざ製造して寄付している。

## 第4節　食品寄付と貧困問題

　表1-2は，前節で取り上げた米国，フランス，韓国に英国，香港，日本を加え，さらに相対的貧困率（Poverty Rate：PR）含めて各国の状況をまとめたものである。
　表1-2に比較的FBが盛んなドイツとオーストラリアを加え，WGIとQFDの相関関係をみると，図1-3のとおり相関関係はさほど強くはない（r＝0.298951）。もちろんWGIが食品寄付の状況の一部を説明しているとみるこ

表 1-2　各国の寄付文化度とフードバンクの特徴

| | WGI | QFD | PR | フードバンクの特徴 |
|---|---|---|---|---|
| US | 2nd (61) | 4.23 | 17.5% (2014) | 1967年，世界初のFBが誕生。1996年制定のグッドサマリタン法により善意の提供者の過失の責任を問わない。内国歳入法による寄付控除が認められるPublic CharityであるFeeding Americaが全米200のFB会員メンバーをネットワーク化している。 |
| UK | 6th (57) | 0.36 | 10.9% (2015) | 公的資金を主財源として活動するWRAPという公的機関と民間キャンペイナー等，草の根活動の両輪で対応が進む。2010年にはGrocery Supply Code of Practiceが施行され，買い手の事前告知のない契約変更を禁止。2013年より小売大手のTescoが自社のFLWを公表。フードバンクへ寄付するなどして2017年までに可食部を100%削減する。 |
| HK | 26th (45) | 0.34 | 19.6% (2012) | 2000年ごろからFB活動が始まったが，2008年のFinancial Crisis以降，社会起業ファンド等の支援によりHot Mealサービスなど取り組みが多様化。製造業が少なくホテルや機内食の寄付が特徴的。2013年より環境保護署の啓蒙活動Food Wise Hong Kongがスタート。 |
| KR | 64th (35) | 1.99 | 14.4% (2014) | 社会福祉協議会がFB事業を政府から受託している。2001年に食品寄付控除の上限がなくなり，2006年には食品寄付活性化法により衛生事故の免責条項が盛り込まれた。その結果，この10年で財閥系から個人まで様々な食品寄付が促進された。 |
| FR | 74th (32) | 3.23 | 8.2% (2014) | 1984年からFB活動がスタートし，EUのCAP介入在庫を利用するMDP，貧困援助基金（FEAD）を経て，2016年に食品廃棄禁止法により小売の余剰食品の寄付が制度化された。寄付控除を原資にコンサルティングする寄付マッチングビジネスも登場。 |
| JP | 102nd (26) | 0.04 | 16.1% (2012) | 寄付控除はあるものの，上限が低くQFDが少ない。食品寄付には外資系が積極的。「こども食堂」が増加中。 |

WGI：World Giving Index 2015による寄付行動の世界ランキング，括弧内は総合スコア（％）。
QFD：Quantity of Food Donation（筆者推計による一人あたり年間食品寄付量：kg/year）は各国のフードバンクの2015年における食品取扱量を同年の人口（World Population Prospects: The 2015 Revision）で除した。
PR：Poverty Rate は OECD Data（香港のみ「香港ポスト」2013年10月1日付）より引用した。それぞれ最新のデータを引用したため年次は異なる点に注意を要する。OECD（2017），Poverty rate（indicator. doi: 10.1787/0fe1315d-en（Accessed on 25 August 2017）

とは可能だが，フランス，韓国のように食品寄付の啓蒙や減税など，いわば外発的にQFDを増加させる手法の効果に違いが出ている可能性がある。これは，政策的にもFBを普及させることは可能であることを意味し得る。一方で寄付促進政策をとらない国では，食品という現物支給において，生命維持における必要性という以外に嗜好性という点で対象範囲の線引きが難しく合意形成が難しい可能性もある。そのような問題をフランスや韓国はどのように克服したのか，という点は本書においても興味深い論点である。また，FBの活動開始時期が各国で大きく異なるという状況もあり，イギリスのよ

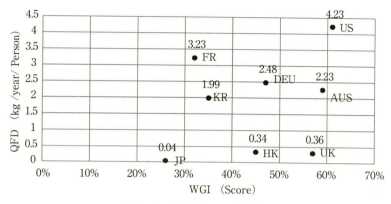

図1-3　WGIとQFDの散布図

資料：QFD：各国FBの年次報告書（2015年）における食品取扱量を，同年の人口（World Population Prospects：The 2015 Revision）で除した。
　　　PR：OECD（2017），Poverty rate（indicator）．doi: 10.1787/0fe1315d-en（Accessed on 25 August 2017），香港のみ「香港ポスト」（2013年10月1日付）より引用した。なお，それぞれ最新のデータを引用したため年次は異なる。

うに導入初期段階の国で今後どのように普及するのかという観点も見過ごせない。そのような普及過程を踏まえた多様性の分析も本書では重視している。但し，その他の機能としてFSCのオルタナティブとしての価値，例えば地域コミュニティやFSC全体の需給調整などにおけるFBの評価については，その定量的な分析手法の確立を含めて今後の課題となる。

　以上より本書では，例えばSDGsの「17．パートナーシップによるゴールの達成」のように社会基盤となるような関係性の構築についての分析に資する質的データの提供と発展方向について，ミクロの視点で一定の結論を示すことを目的とする。

## 第5節　小括：多様化するフードバンク分析のフレームワーク

　序章でみたように，FBは市場への過剰供給を調整する機能や廃棄コストを削減する効果などその機能は多様であり，福祉という面だけで評価するこ

第Ⅰ部　世界のフードバンクとその多様性

| Pure Gift<br>(Donation) | Gift Exchange<br>willingly | Gift Exchange<br>obligated | Equivalent Exchange<br>(Business) |
|---|---|---|---|

Tolerance ← Scale of requital obligation or psychological responsibility →Strict

**図1-4　食品寄付行動のモデル**

資料：Kobayashi et al.（2018）

とはできない。しかし一方で，その推進策は国ごとに偏りがみられ，そのことがFBの多様性に繋がることが本章で明らかとなった。また，Donationは，一方的な寄付と認識されることが多いが，FBの食品寄付体系における関係性は，単なる食料を受け取る生活困窮者以外の様々な受益者が存在し，それぞれが価値交換を行っている可能性がある。企業ではCSRなどを通じてその存在価値を高めることを意図し，農業政策では需給調整に一役買っていたり，福祉行政では財政支出を抑制するためFBをフォーマルケアとして推進したりしている。こうして，過剰食品の使用価値は，様々な文脈で変動しうる交換体系の中で文脈価値として再生し，それがWin-WinであればCSV（Creating Shared Value：共有価値の創造）という展開も期待できるだろう。

　このような多様性を分析するフレームワークとして，Kobayashi et al.（2018）では，両端に一方的な純粋贈与（Pure Gift）と市場経済における等価交換（Equivalent Exchange）を置き，そのあいだを贈与交換による寄付行為の文脈価値の「質」で埋めるモデルが示されている（**図1-4**）。先述したとおり，意図的だったり義務的だったりする文脈的な贈与交換のあり方は，ドナーのメリットとして内発的なものと外発的なものを区分した**表1-1**とも整合性があり，本稿の比較分析の結果からも妥当性を持つ。

　ただし，このような文脈価値に由来するFBの多機能性は，中途半端だと評価される可能性もある。そのため，特定の機能を強化するようにメリハリをつけるか，多機能型で発展する場合にも各機能間での相乗効果を見出す必要がある。また，本章でみたFBの普及過程から，普及初期のFBには行政の支援と法整備は重要であり，その所轄官庁も食料，環境，教育など多様であ

った。以上のようにFBの推進には，文脈的で多機能性を有するがゆえの「セクショナリズムとの戦い」というハードルが見出せる。次章以降，政策的な整理をしながら図1-4のフレームワークを念頭に国内外のケーススタディをおこない，その多様性を論じてゆく。

## 参考文献

［1］Bataille, G（1991）*The Accursed Share: an Essay on General Economy*, Vol.1: Consumption, Zone Books
［2］Boulding, K. E.（1973）The Economy of Love and Fear: A Preface to Grants Economics, Wadsworth.
［3］Charities Aid Foundation（2015）*World Giving Index*（https://www.cafonline.org/about-us/publications/2015-publications/world-giving-index-2015），accessed 9 November 2016.
［4］FAO（2011）*Global food losses and food waste*. Study conducted for the International Congress SAVE FOOD! Interpack 2011
［5］FAO（2015）*The State of Food Insecurity in the World 2015*（国際食糧農業機関「世界の食料不安の現状2015年報告」）
［6］Food Bank Yamanashi（2012）*The U.S. Food Bank Report, 2012 Social Welfare Project Funded by Welfare and Medical Service Agency*（http://foodbank.asia/u-s-food-bank-report-by-food-bank-yamanashi/）
［7］Godelier, M（1996）*L'énigme du don*, Paris, Fayard（ゴドリエ, M. 山内昶訳）（2000）『贈与の謎』法政大学出版）
［8］OECD（2017）*Social spending（indicator）*, doi: 10.1787/7497563b-er（Accessed on 26 August 2017）
［9］Kim, S.（2015）*Exploring the endogenous governance model for alleviating food insecurity: Comparative analysis of food bank systems in Korea and the USA*, International Journal of Social Welfare 24, pp.145-158.
［10］Kobayashi, T., Kularatne, J., Taneichi, Y., Aihara, N.（2018）*Analysis of Food Bank implementation as Formal Care Assistance in Korea*, British Food Journal, Vol.120, Issue 01, pp.182-195.
［11］Kobayashi, T（2016）*Diversity of Food Banks in East Asia:Case Study of South Korea, Hong Kong and Japan*, 2016 Autumn Annual Conference of Korea Distribution Association（KODIA）at Jeju National University, "Global Perspectives in Shopper Marketing" p.101
［12］Mauss, M.（1954）*The Gift: Forms and Functions of Exchange in Archaic*

*Societies*, Presses Universitaires de France（モース（吉田禎吾・江川純一訳）(2009)『贈与論』ちくま学芸文庫）
[13] Polanyi, K (1977) *The Livelihood of Man*, ed. By H. Pearson, Academic Press.（K. ポランニー（玉野井芳郎・栗本慎一郎訳）(2005)『人間の経済Ⅰ―市場社会の虚構性』岩波書店）
[14] Robert F. Lusch and Stephan L. Vargo (2014) *Service Dominant Logic*, Cambridge
[15] Solomon, M. R. (2013) *Consumer Behavior 10th ed.*, Pearson
[16] 稲葉裕之・井上達彦・鈴木竜太・山下勝 (2010)『経営組織』有斐閣
[17] 稲葉陽二 (2011)『ソーシャル・キャピタル入門』中公新書
[18] 黒岩健一郎・水越康介 (2012)『マーケティングをつかむ』有斐閣
[19] 小関隆志 (2018)「第4章 フランスのフードバンク―手厚い政策的支援による発展」佐藤順子編著『フードバンク 世界と日本の困窮者支援と食品ロス対策』明石書店, pp.105-126
[20] 小林富雄 (2018)『改訂新版 食品ロスの経済学』農林統計出版
[21] 小林富雄・佐藤敦信 (2016)「インフォーマルケアとしての香港フードバンクの分析―活動の多様性と政策的新展開―」『流通』No.38, pp.19-29
[22] 佐伯啓思 (2012)『経済学の犯罪』講談社新書
[23] 櫻井英二 (2011)『贈与の歴史学』中公新書
[24] 島村智子 (2017)「欧州困窮者援助基金（FEAD）に関する規則」『外国の立法』No.271, pp.61-70
[25] 章大寧 (2010)「韓国のFood Bank制度―環境・資源的役割に注目して―」南九州大学研究報告 人文社会科学編, Vol.40, pp.21-35
[26] 杉村泰彦・小糸健太郎 (2017)「食品ロスの削減におけるフードバンクの果たす機能とその成立条件―フランス・フードバンクAの事例―」2017年農業市場学会個別報告資料
[27] 堤未果 (2013)『(株) 貧困大国アメリカ』岩波新書
[28] 角田修一 (2001)「イギリスにおける福祉国家および社会政策の動向と課題」『立命館経済学』第50巻第1号, pp.19-45
[29] 比嘉夏子 (2016)『贈与とふるまいの人類学』京都大学学術出版会
[30] 三菱総合研究所 (2014) リサイクル状況等調査委託事業「リサイクル進捗状況に関する調査報告書」農林水産省食料産業局（http://www.maff.go.jp/j/shokusan/recycle/syokuhin/s_yosan/）
[31] 若森みどり (2015)『カール・ポランニーの経済学入門』平凡社新書

（小林富雄）

# 第2章

# フランス：フードバンク活動による食品ロス問題への対応と品揃え形成およびその政策的背景

## 第1節　食品ロス削減に対するフードバンク活動への期待と矛盾

　今日，日本の食品ロスは事業系352万トンに加え，家庭からも291万トン発生し，合計643万トンと推計されている（2016年度）。依然として食料供給の多くを海外に依存している中，その削減は日本における社会的課題となっている。

　これに対し近年，食品ロス削減の担い手として，フードバンク活動への期待が高まっている。農林水産省においても「まだ食べられるにもかかわらず廃棄されてしまう食品（いわゆる食品ロス）を削減するため，こうした取り組みを有効に活用していくことも必要」との観点から，「食品ロス削減を図る一つの手段としてフードバンク活動を支援」するとしている[1]。

　しかし，そのフードバンクは本来，危機的な状況にある生活困窮者を食料の提供を通じて支援するための組織であり，必ずしも食品ロス削減を第一義としているわけではない。したがって，社会がフードバンク活動へ食品ロス削減を安易に期待することは，本来のフードバンク活動との間に矛盾を生じさせる可能性がある。

　その矛盾の発生要因の一つとなるのが，食料消費が食品の品揃えの形成を前提としていることである。つまり，通常，人間の食品は意味のある組み合わせで消費されるのであり，食品を食品として利用するには量の確保，質の確保のみならず品揃えの確保が必要となる。この点について，オルダースン

---

[1] 農林水産省ホームページ「フードバンク」より引用，http://www.maff.go.jp/j/shokusan/recycle/syoku_loss/foodbank.html（2018年4月5日参照）。

(1981) は「マーケティングの過程は自然状態の集塊的資源（conglomerate resources）から始まり，消費者の手元における意味のある品揃え物（assortment）の形で完結する」と表現している[2]。オルダースンの理論には批判もあるが，消費段階において「集塊的資源」から意味のある集合物である「品揃え物」への変換が必要不可欠であるという指摘自体は，特に食品においては妥当である[3]。

　食品ロスの場合，商品として流通する一般的な食品と異なり，初期の集合状態は同質的でもなければ画一的でもない。そのことは食品としての利用，つまりフードバンク活動を通じた食品ロス削減には，「集塊的資源」から適切な品揃えを形成しうる複雑な収集過程が必要となることを意味している。

　これに対し，フードバンク組織およびその活動についての研究は，学術論文と，実践現場での実態を記述したものの双方から蓄積が始まっており，例えば，フードバンク研究の嚆矢である大原（2016）の2008年初版では，フードバンク組織が食品事業者から寄付を受け取る仕組みすらほとんど確立していない実態を明らかにしている。また，小林（2018）では，徐々にフードバンク活動の規模は拡大しているものの，クロス・ドッキング方式とならざるを得ず，「支援先の常時開拓とロジスティクスの構築が課題となりやすい」と指摘している[4]。これらの研究ではフードバンクの活動のあり方や組織について綿密に分析し，社会に貴重な知見を提供しているものの，支援する食料について，それらの組み合わせの観点，つまり品揃えの問題については論じていない。

　実践の当事者であるセカンドハーベスト・ジャパン（2015）も，活動の現状を説明する文献において，依然として食品の量的な確保が課題となっており，食料支援としての質を高めるために生鮮野菜の取り扱いをどう増やして

---

（2）オルダースン（1981）p.33。
（3）オルダースン（1981）において，assortmentの訳語は「品揃え物」であるが，本稿ではより一般的に通用する「品揃え」と表記する。
（4）小林（2018）p.201。

## 第2章 フランス：フードバンク活動による食品ロス問題への対応と品揃え形成

いくかが課題である，としている。さらに，セカンドハーベスト・ジャパン（2016）では，集まる食品に偏りがあること，栄養価といった食料支援の内容が重要であることは示唆しているものの，品揃え形成については言及がない。フードバンク活動の当事者が実態を記述した文献はこの他にもいくつか存在するが，いずれも組織と活動の紹介を主たる目的としており，品揃え形成への言及はない。

他方，食品ロス削減の観点からは，消費習慣の問題や商慣習見直しの意義などについていくつかの文献が存在する。例えば，牛久保（2017）ではフードバンク活動について「食品ロス削減と食品有効利用の架け橋として活動の推進を図る」必要性を指摘しており[5]，この活動が重要であるとの認識は示されているが，品揃えの形成を含めて，具体的にどのように「架け橋」とするのかについての言及はない。

このように，フードバンクの組織や活動実態に関わる既存研究は，今のところ食料の受け渡しの仕組みや組織運営の事例紹介が中心であり，品揃え形成の分析には至っていない。食品ロス削減の観点からの研究においても，フードバンクへの期待は言及するものの，食品余剰の発生形態と食料の利用形態との隔たりについては分析されていない。

しかし，その余剰食品の発生形態と食料の利用形態との隔たりに起因する問題は，既に現実にも生じている。例えば，特定の物品が収集食品全体の半分以上を占めることを課題の一つとしてあげているフードバンクがあり，食事の支援という点で類似性がある「子ども食堂」では，約50本ものだいこんが善意で寄付されたものの，処理しきれないなどといったケースも発生していた[6]。

余剰食品は，消費にとって意味のある品揃えとは無関係に発生する。そこから食品として利用するための品揃えを形成することは容易ではない。しか

---

[5] 牛久保（2017）p.25。
[6] 前者はフードバンク組織の代表者から，後者は子ども食堂の代表者からのヒアリングによる。

し，この問題が解決しない限り，生活困窮者への食料支援を目的とするフードバンク組織を，食品ロス削減の担い手として期待することは難しい。現在，日本国内のフードバンクの多くは，社会に対し積極的な食品寄付の呼びかけをしている。これに応じて食品寄付の規模が大きくなるということは，量的な不足を緩和するだけではなく，流通する食品の種類も増加することが見込まれる。このことは，流通過程での品揃え形成活動の負担が発生するものの，消費の組み合わせに近い品揃えを形成しうるという点で，品揃えの質が改善される可能性が高まることを意味している。

　その観点から着目すべきは，フランスで2016年2月に成立した「食品廃棄物削減に関する法律（食料廃棄禁止法）」である。これは，大型スーパーマーケット（以下，大型スーパー）を主な対象に，売れ残り食品の廃棄を禁止し，フードバンクなど生活困窮者を支援する団体への寄付を義務付けるという内容である。これにより食品寄付は量的に増加することにはなるが，それに伴って，品揃え形成という観点から，余剰の発生と食料支援での利用との隔たりを改善することができたのかが重要な論点となる。

　そこで本章では，フランス最大のフードバンク組織であるバンク・アリマンテール（Banques Alimentaires）を事例として，食品の収集方式を分析し，収集品目の偏りにどのように対処しているのかを明らかにする。本章がフランスのフードバンク組織を事例とする理由は，第1にフランスはフードバンク活動の展開が早くから始まっており，規模が大きい上に活動も活発であることから先進事例と見なせることである。第2には，上記のように，食料廃棄禁止法の制定により余剰食品の供給規模の拡大が先行していることの2点である。

　今回の事例であるバンク・アリマンテールについては，直近の直接的な研究として小関（2016）がある。この研究では，事例の一つとしてバンク・アリマンテールの活動実態について詳細に分析しているものの，品揃え形成の観点からの分析は含まれていない。

　なお，この研究に関連する調査は，2017年2月と3月にバンク・アリマン

第2章　フランス：フードバンク活動による食品ロス問題への対応と品揃え形成

テールに対するヒアリングを実施している。また、食品廃棄物政策とフードバンク支援政策に関わり、2017年2月にフランス環境エネルギー管理庁（ADEME）、欧州フードバンク連合（FEBA）からヒアリングを実施した。

## 第2節　フランスの廃棄物規制とフードバンク支援政策

### 1）フードバンク活動の発展と支援政策の背景

　バンク・アリマンテールによれば、今日のフランスでは、国民の約14％が「貧困層」であり、このうちの600万人は深刻な貧困状態にあると考えられている[7]。これに対し、何らかの形で援助を受けることができているのは400万人程度とみられている。その一方で、フランス国内では食料廃棄物は年間約515〜932万トン発生させているとみられ、それを国民1人当たりにすると年間約77〜141kgを排出していることになる[8]。

　この状況下において、フランスでは4つの大規模なフードバンク組織が活動している。それは、今回の事例である「バンク・アリマンテール」の他に、炊き出しを中心としている「ハートのレストラン」、「フランス赤十字」、「フランス人民救済」である。

　フランスにおけるフードバンク活動は、欧州で最も早い1984年から始まっている。それがバンク・アリマンテールであり、アメリカのフードバンクをモデルにして組織された。1986年には欧州全体へフードバンク活動を普及させることを目指した、欧州フードバンク連盟（FEBA）が設立されている。FEBAの活動は、第1にフードバンク活動の発展のための規制撤廃や税制変更の働きかけ、賞味期限などのルール統一といった制度設計、第2にフード

---

(7) フランスでは、所得の中央値の60％未満しか収入のない者が貧困層に分類される。
(8) 流通経済研究所（2016）pp.89-94の推計による（可食部分のみ）。フランスは資料によって食品廃棄物発生量のばらつきが大きい。バンク・アリマンテールでは、国民が1人当たり年間140kg発生させ、そのうちの2/3が家庭からの排出と把握しており、最も近似しているこの資料の値を採用した。

バンク組織がない国での設立支援，第3には多国籍企業との関係構築などを目標に掲げている。

　これに対するフランス政府によるフードバンク支援政策は，EUの共通農業政策（Common Agricultural Policy，以下ではCAPと表記）に伴う余剰農産物対策と強く結びついていた。CAPでは価格安定を図るために市場介入を実施したが，そこで買い入れた在庫を生活困窮者に無料配布する政策（Food Distribution Programme for the Most Deprived Persons：MDP）を開始し，各国に任意での加入を求めた。また，MDPの実行にかかる費用については，上限は設定されていたが，欧州農業指導保証基金（European Agricultural Guidance and Guarantee Fund：EAGGF）から支出されることとなった。これを契機としてフランスを中心に欧州全体へフードバンク組織の拡大が見られた。

　ところが，CAP改革とGATTウルグアイ・ラウンド農業合意の影響により農産物の需給ギャップは縮小し，1995年から介入在庫は減少した。そこで同年には市場購入食料の配布を一時的に認めることとなった。その後，それは常態化し，2008年には購入割合が90％にも達した。このことはMDPを実施する根拠が失われたことを意味しており，2013年にMDPは廃止されるに至った。しかし，余剰農産物処理の側面が強かったMDPに代わり，2014年には欧州貧困援助基金（Fund for European Aid to the Most Deprived：FEAD）が設立され，生活困窮者への食料の無償配布が継続された。その後，FEADは食品などの非財政的な援助を実施することで，生活困窮者の社会的統合を図りつつ貧困を軽減する事業へと発展し，欧州社会基金の枠組みに移行した。この枠組みで，2020年までは年間約5億ユーロ弱の食料支援のための予算が確保されている。このように，EUにおけるフードバンク支援政策は，農業政策の一環としての位置付けで開始されたが，今日ではそれは貧困対策として実行されている。

　また，フランス政府独自の政策としては，MDPを補完する予算措置として，2004年から食料支援計画（Plan National d'Aide Alimentaire：PNAA）が実

施されている。これは政府予算によって食料を市場から買い付け，フードバンクへ引き渡す仕組みであり，MDPでは調達できない種類の食品の確保に844万ユーロ（2012年）が投じられている。

## 2）廃棄物政策の変遷と食料廃棄禁止法の制定

　廃棄物政策のあり方は，当該地域での食品ロスの発生に強く影響する。EUでは廃棄物の埋め立て規制を定めており，ここでは生物分解可能な一般廃棄物（Biodegradable Municipal Waste：BMW）発生量のうち，フランスで埋め立て可能な割合を規定している。1995年のBMW発生量に対する最大75％の設定は数年おきに引き下げられ，2010〜16年では埋立量を35％以下にしなければならないと規定している。

　さらにフランス独自の食品廃棄物政策として，2010年のグルネル法第2法制定があげられる。これは，小売業，外食業，食品製造業など食品廃棄物の大量排出者に対し，分別を義務付けるとともに，保管施設や焼却施設の容量を制限し，リサイクルを推進しようとする施策である。ここでリサイクル率の目標を2015年に45％と掲げたが，パリなどの大都市部が低迷したことから35.04％（2015年）と未達になった。またこれとは別に，農食林業省が，農業生産者を含む食品関連事業者，フードバンク組織，自治体などの参加により，事業系の食料廃棄物を2015年までに半減させようとする，「食品廃棄物削減に関する協定（Pacte National de Lutte Contre le Gaspillage）」を2013年に締結している。この協定自体は任意協定であり，罰則規定ももたないが，この締結が食料廃棄禁止法においてフードバンク組織を活用する契機になったと考えられている。

　食料廃棄禁止法（Loi sur les dechets alimentaires）は，2016年2月11日に制定された。罰則規定を伴う施行は1年後からとなっている。この法律は大型スーパー，総合量販店（以下，量販店と表記）などの，売り場面積400m$^2$以上の小売店舗を対象に，第1に賞味期限内の売れ残り食品，納入を拒否した食品の廃棄を禁止し，第2にフードバンクなど慈善組織と　食品寄

付の協定締結を義務付けることを主たる内容としている。フランスにおいては，同法制定前から，大型スーパーや量販店の店舗単位での慈善団体への寄付が行われており，それを環境問題の観点から追認する法体系となっている。同法は制定時から，世界的にも画期的な法律として強い印象を与えたが，フランスでは食品廃棄物削減の法的枠組みとして前述のPACTE協定が存在しており，その流れを踏まえた規制であったといえる。

## 第3節　バンク・アリマンテールによる食料配布の仕組み

ここでの分析対象であるバンク・アリマンテールは，前述の通り1984年に設立された欧州初のフードバンク組織であり，海外県も含めたフランス全土に79支部を有するとともに，23の「アンテナ」という名称の物流センターから構成されている。このバンク・アリマンテールは生活困窮者に対して直接的に食料を配布するわけではなく，原則として約5,300団体の「アソシエーション」という生活困窮者援助組織を通じて支援している。バンク・アリマンテールによれば2015年には約10.5万トンの食料を回収し，約190万人に対して2億1,000万食を提供した。これはフランス国内で支援を受けることができた生活困窮者の半分近くに該当し，その価値は貨幣換算で3億981万ユーロに相当する。また，事業を支えているのは497人の有給職員と約5,600人のボランティアであり，後者の労働価値は5,023万9,000ユーロに相当する。

図2-1はバンク・アリマンテール全体について，食料配布経路を示している。バンク・アリマンテールでは，支部ごとに食料の収集と配布を行っており，先の食料廃棄禁止法で着目される大型スーパー，量販店からの回収は，約2,350カ所にも達している。これらからバンク・アリマンテール側が食料を回収し，実際に配布するアソシエーションが支部やデポ施設へ取りに来ることで分荷する。受け取ったアソシエーションでは小分けして支援対象者に渡すこともあれば，調理してから提供する場合もある。

図2-2では，パリ首都圏南部を担当エリアとする，イル・ド・フランス支

第2章　フランス：フードバンク活動による食品ロス問題への対応と品揃え形成

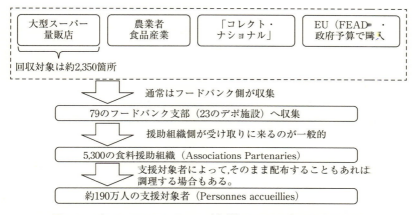

**図2-1　バンク・アリマンテール（全体）における食品配布の流れ**

資料：ヒアリングおよびBanques Alimentaires資料より作成。
注：1）数値は全国の値。
　　2）「コレクト・ナショナル」とは，全国の大型SMやGMSで年1回開催する寄付イベントである。
　　　詳細は本文を参照されたい。

**図2-2　バンク・アリマンテール　イル・ド・フランス支部における食品配布の流れ**

資料：ヒアリングおよびバンク・アリマンテール資料より作成。

部について食品配布の経路を示した。ここでは13名の有給職員と104名のボランティアが活動し、約16万9,000人の支援対象者に対し、5,543トン（2016年実績）の食料を配布した。基本的な仕組みはバンク・アリマンテール全体と同様だが、人口の多い首都圏を担当していることもあり特徴的な仕組みも保持している。

　イル・ド・フランス支部から食料の提供を受けるのは287のアソシエーションであり、それらが支部へ食料を受け取りに来る。支部に集められた食料は、その他に92のエピスリー・ストア（福祉食料品店）を通じて支援対象者へ供給される。このエピスリー・ストアとは、生活困窮者に対し、食品を中心とした生活必需品を市価の20％程度で販売する店舗のことである。このような供給のあり方には、生活困窮者の尊厳への配慮という意味があり、無料ではなく、低くとも価格を設定し、商品を選択させようとしている[9]。

## 第4節　バンク・アリマンテールの食料収集経路

### 1）収集食料の構成における地域差

　パリ首都圏南部を担当する、バンク・アリマンテール　イル・ド・フランス支部は、前述の通り、2016年に5,543トンの食料を16万9,000人に供給していた。日本の場合、東京を拠点とする、国内最大のフードバンク組織であるセカンドハーベスト・ジャパンが、2020年に東京都で10万人に「生活を支えるのに十分な食べ物」を配布することを目指しており、その際の食料の量を5,000トン以上と見積もっている[10]。しかし、そこで「生活を支える」には

---

(9) バンク・アリマンテールへのヒアリングによる。小関（2016）では、実際の調査記録に基づきエピスリー・ストアの仕組みを紹介しているが、そこでは「エピスリー・ソシアル」という名称で、販売価格も市価の約10％とされている。このことから、エピスリー・ストアは画一的ではなく、店舗ごとにやや異なる面もあるとみられる。

(10) セカンドハーベストジャパン「東京2020：10万人プロジェクト」ホームページの記述に基づく。http://2hj.org/100000pj/（2018年4月5日参照）。

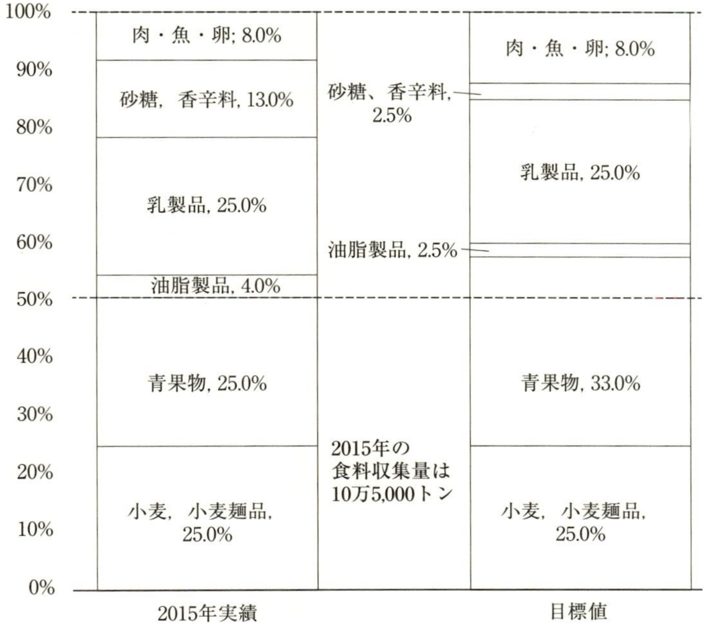

第2章　フランス：フードバンク活動による食品ロス問題への対応と品揃え形成

**図2-3　収集食料の品目構成（全国）**

2015年実績:
- 肉・魚・卵, 8.0%
- 砂糖, 香辛料, 13.0%
- 乳製品, 25.0%
- 油脂製品, 4.0%
- 青果物, 25.0%
- 小麦, 小麦麺品, 25.0%

2015年の食料収集量は10万5,000トン

目標値:
- 肉・魚・卵, 8.0%
- 砂糖、香辛料, 2.5%
- 乳製品, 25.0%
- 油脂製品, 2.5%
- 青果物, 33.0%
- 小麦, 小麦麺品, 25.0%

資料：ヒアリングおよびバンク・アリマンテール資料より作成。

「十分な食べ物」が単に数量として確保されるだけではなく，品質とともに，品目のバランスを保持すること，つまり適切な品揃えの形成が必要である。このような取り扱いの量的拡大は，品揃え形成にどのような影響を及ぼすのであろうか。そこで次に，バンク・アリマンテールの品揃えの特徴およびそれを形成する収集経路について分析する。

　図2-3では，バンク・アリマンテールの品揃えについて，目標と実績を対比させている。理想的な品揃えに対して，実績は生鮮食品が少なく，砂糖や香辛料と油脂製品が多くなっている。図2-4では，イル・ド・フランス支部の品揃えを示した。集計区分が全国とは異なるため単純な比較はできないが，支部の立地場所によって収集できる食料の構成に違いが生じることは把握できる。バンク・アリマンテールによれば，都市部にあるイル・ド・フランス

41

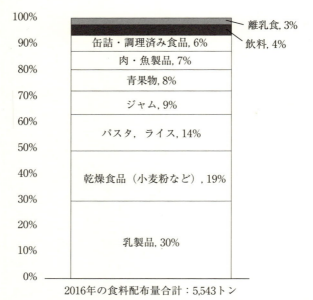

**図2-4 イル・ド・フランス支部における取り扱い品目の構成（2016年）**
資料：ヒアリングおよびイル・ド・フランス支部年次報告書より作成。

支部の場合は青果物の割合は低くなる傾向があり，生産者からの寄付がある農村部の支部では，これが高くなる傾向がある。

## 2）4つの収集経路

### (1) 第1の経路：EU・政府予算での購入

バンク・アリマンテールは主に4つの経路から食品を入手している。ここでは経路それぞれの特徴について整理する。

前述したように，バンク・アリマンテールは，2013年まで続いたMDPに代わり，2014年からはFEADの予算により配布する食料を購入している。これは農業政策の一環として余剰農産物を引き渡すのではなく，福祉政策としての予算措置で購入するということであり，受け取る側が食料を選択できるという点で大きな変化である。FEAD予算での購入は，フードバンク4組織

第 2 章　フランス：フードバンク活動による食品ロス問題への対応と品揃え形成

から必要な食料を聴取した上で，2,500万ユーロの予算内で政府が購入し，それぞれに引き渡している。イル・ド・フランス支部の場合には，常温で長期保存ができることから，LL牛乳がその約4割を占めている。その他には，缶詰，砂糖，パスタ，チョコレート，コーヒーなどがこの予算を使って確保されている。

　フランス政府の予算措置であるPNAAについても仕組みは同様だが，肉や魚，青果などFEADでは対象となっていない種類の食品を確保することができる。

（2）第2の経路：食品製造業からの寄付
　食品製造業からの寄付とは，クリスマスやハロウィンなどの季節商品，あるいはオリンピック記念の缶飲料などといったイベント向け商品の過剰分が食品製造業から寄付されるケース，および農場から生鮮食品などが寄付されるケースを指す。どのような食品製造業と結びつくかは，支部の立地によって異なる。首都圏にあるイル・ド・フランス支部は比較的大規模な食品製造業と結びつきやすく，調査時にも飲料のグローバル企業からイベント向け商品の残品が大量に寄付されていた。これに対し，農村部にある支部の場合には，農場との結びつきが強くなり，規格外の生鮮食品が多く持ち込まれるケースもある。

（3）第3の経路：「国民寄付事業」（Collecte Nationale）を通じた収集
　コレクト・ナショナルとは，毎年11月最終週の週末に，全国8,000店舗のスーパーマーケットや量販店などで，延べ13万人のボランティアを動員して行われる寄付イベントである。ここではイベントを実施する店舗へ来店した買い物客に対して，バンク・アリマンテール側が寄付してほしい食品のリストを渡し，レジ通過後にそれを寄付してもらう。このイベントは年に2日間のみだが，そこで収集した食品は年間を通じて配布する。

43

## （４）大型スーパーと量販店からの収集

バンク・アリマンテールでは，カルフール（Carrefour），モノプリ（MONOPRIX）など大型スーパーや量販店のうちの契約を結んでいる店舗を，自らのトラックで巡回し，売れ残り品や外装だけが傷んだ食品などを収集している。通常の契約では，フードバンク側が収集に来ることが寄付の条件となっている。

収集する食品は，売れ残りといえども消費・賞味期限まで最短でも3日間以上を残しているものであり，通常は7日間以上を残していなければならない。これに当てはまれば，店舗から寄付された食品はすべて回収している。

バンク・アリマンテールでは，全国の2,100店舗から，この方法で食品を収集している。イル・ド・フランス支部の場合は，2016年には約20店舗から約628トン，およそ100万食分を確保した。

## 3）バンク・アリマンテールにおける食品収集方式

図2-5では食品収集先の構成について，2015年の実績を示している。一般的にフードバンク活動では小売業や卸売業，あるいは食品製造業からの寄付によって食料を調達すると考えられており，実際にもその拡大を目指しているが，バンク・アリマンテールの場合，全国的に見ても，必ずしもそれらからの収集が大半を占めるとはいえない。

特にイル・ド・フランス支部の場合，それらからの収集が相対的に容易と想定されるが，実際にはそれらは全体の3割にも満たない。その食品収集経路を，品揃え形成の観点から整理したのが図2-6である。4つの経路のうち，FEADとPNAAにより確保した食料はバンク・アリマンテールの要望に基づいて調達されたものであるから，意図的に集められた食品である。同様に，31％を占めるコレクト・ナショナルによる収集も，バンク・アリマンテール側の選んだ食品を店舗で購入してもらっているのであり，意図的に集められた食品といえる。

これに対し，食品産業や農場からの寄付品，スーパーマーケットやハイパ

第 2 章　フランス：フードバンク活動による食品ロス問題への対応と品揃え形成

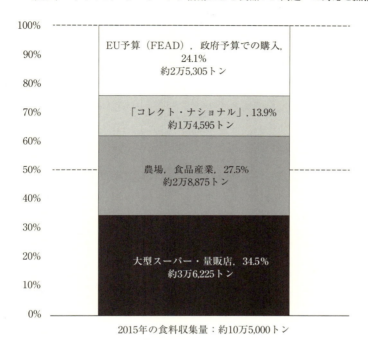

**図2-5　バンク・アリマンテールの食品収集先の構成
（全国・2015年）**

資料：ヒアリングおよび活動報告書（Banques Alimentaires, Rapport d'activité 2015）より作成。

ーマーケット，量販店からの寄付品については，バンク・アリマンテール側の意図とは無関係に食品の品目と量が決まる。ただし，イル・ド・フランス支部についていえば，立地条件から農業生産との結びつきはあまりなく，食品製造業からの寄付については，単品が大量に寄付される場合でも，ある程度はその情報を事前に把握することもできる。したがって，どのような品目が届くのか事前にはまったくわからないというのは，大型スーパー，量販店からの寄付だけであり，2016年度ではそれは全体の11％に過ぎないのである。

第Ⅰ部　世界のフードバンクとその多様性

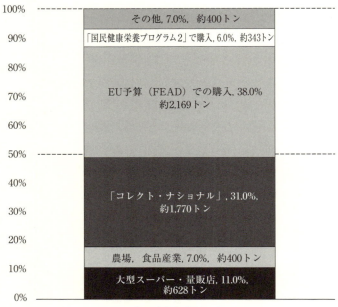

2016年の食料収集量：約5,709トン

**図2-6　イル・ド・フランス支部の食品収集先の構成（2016年）**

資料：ヒアリングおよび活動報告書（Banque Alimentaire de Paris et d'Ile-de-France, 2016 RAPPORT D'ACTIVITÉ）より作成。

## 第5節　食料としての消費を前提とした食品収集方式

　フードバンク組織による食品の収集と配布には，市場も中間流通も介在しないのであり，品目の偏りが価格を指標として調整されることは見込めない。したがって，フードバンク組織自身でそれを補正する仕組みを保持する必要がある。

　これに対し，バンク・アリマンテールでは品目の偏りに，次のような仕組みで対応している。まず第1に，4つの経路のうち，事前に寄付される品目がわからない，スーパーマーケットなどからの寄付については，今後オンラ

第2章 フランス：フードバンク活動による食品ロス問題への対応と品揃え形成

イン化することによって事前に品目と数量が把握できるような仕組みを構築する予定としている。ただし，その意図は必ずしも品揃え形成のためではない。むしろそれは，回収物流の労働力確保が困難になりつつあることへの対応として，店舗からアソシエーションが直接引き取る「商物分離」の構築にある。第2に，79支部の在庫情報を共有できるシステムを構築しており，物流の課題を残しつつも，すでに運用が始まっている。第3に，特定の食品が多く集まりすぎた場合には，在庫情報も参照しつつ，まず近隣の支部から，徐々に遠方の支部に向かって受け入れ先を探している。そして第4には，欧州フードバンク連盟に加盟している，フランス国外のフードバンク組織へ転送することも可能だとしている。

これらの仕組みの構築により，イル・ド・フランス支部ではアソシエーションとの調整で品目の偏りへ対処できており，破損など事故品の発生を除けば，残品として廃棄しているのは生鮮食品での5％程度にとどまっているとしている。

年間5,000トン以上を取り扱う大規模なフードバンク組織であるにも関わらず，イル・ド・フランス支部が収集した食品を円滑に配布し，残品廃棄をほとんど発生させずにすんでいるのは，上記のような仕組みやアソシエーションの多さも要因となっているが，それよりもはるかに重要なのは，品目の偏りの発生自体を抑制しうる収集方法を保持していることである。つまり，前掲図2-6の通り，イル・ド・フランス支部における食料確保は，品目を事前に予測できない経路からの収集が全体の1/4程度に過ぎず，それ以外の3/4は配布に適した組み合わせを意図した品目が集められるようになっているのである。

## 第6節　小括と残された課題

食品の消費は複数品目が意味のある組み合わせで行われるのが通常であり，その品揃えの形成は需給を接合する上できわめて重要な流通の役割である。

第Ⅰ部　世界のフードバンクとその多様性

生活困窮者の食生活を向上させようとするフードバンク組織にとっても，パンだけを配っていた時代とは違って，適切な品揃えの形成がきわめて重要な課題となる。

　その一方で，余剰食品は消費にとって望ましい品揃えとはまったく無関係に発生している。したがって，食品ロス削減をフードバンク活動に期待しても，フードバンク組織には品揃え形成という点で大きな負担が生じる。しかも，そのフードバンク組織は一般的に労働力の多くをボランティアに依存しており，この矛盾を引き受けるにはあまりに脆弱な事業体である。

　この点について，フードバンク活動の先進地であるフランスにおいては，事例でみたように，活動の意義として食料廃棄物削減への貢献を掲げつつも，実際には収集した食料の3/4は品目のコントロールが可能な経路から確保されていた。言い換えれば，本事例は集まってきた食品を配布するフードバンク活動ではなく，フードバンク活動のために集めてきた食品を配布しているのであり，3/4をコントロール可能な経路で収集するからこそ，5,000トン以上を取り扱い，約16万9,000人もの生活困窮者へ食料を供給するという大規模な活動が成立するのである。

　この章の結論から指摘できるのは，食料消費には食品の適切な品揃え形成が必要であるという前提を踏まえ，フードバンク活動へ食品ロス削減を期待するのであれば，品揃えの形成という観点からフードバンク事業体にどのような負担が生じるのかを正しく把握し，必要な対策を講じるべきということである。食品の寄付が無計画であれば保管による需給調整も必要になろうが，それには食品の収集を上回る費用が生じることもあり得る。フードバンク組織がそれを担おうにも，先進地であるフランスですら労働力をボランティアへ強く依存しており，組織を維持することの困難は常に抱えているのである。

　ところで，本章では，ヨーロッパで先駆的かつ最大の事例として，バンク・アリマンテールを事例とした。しかし，バンク・アリマンテールでも支部ごとに取り巻く環境が異なり，それが食品収集の内容へ強く影響していたことに示されるように，ヨーロッパ各国のフードバンク組織も存立する基盤や経

第2章　フランス：フードバンク活動による食品ロス問題への対応と品揃え形成

済環境は異なり，それがフードバンク活動のあり方を規定していると考えられる。本章で着目した収集食品の品揃えについても，例えば，オランダのフードバンクでは，受益者も品揃え形成に参加するべきという考え方で活動している。このような違いがみられる背景には，フードバンク活動を取り巻いている環境とともに，国の福祉に対する考え方も影響していると考えられる。フードバンク活動が本来の目的を果しつつ，食品ロス削減へも貢献しうる活動と組織のあり方については，それらの比較分析が有効と考えられる。この点については，今後の研究課題としたい。

**引用・参考文献**

［1］勝又健太郎（2016）「第1章　EUの共通農業政策（CAP）の変遷と新（CAP）改革（2014-2020年）の概要」農林政策研究所『平成27年度カントリーレポート：EU』，pp.1-14.（http://www.maff.go.jp/primaff/kanko/project/27cr10.html：2018年4月5日参照）

［2］小林富雄（2018）『改訂新版　食品ロスの経済学』農林統計出版

［3］小関隆志（2016）「生活困窮者支援とフードバンク活動：フランスのフードバンクの事例調査をもとに」『貧困研究』Vol.17，pp.112-123

［4］三菱総合研究所（2010）『平成21年度　フードバンク活動実態調査報告書』（農林水産省委託事業），http://www.maff.go.jp/j/shokusan/recycle/syoku_loss/161227_8.html#21foodbank（2018年4月5日参照）

［5］オルダースン（田村正紀・堀田一善・小島健司・池尾恭一訳）（1981）（原著は1965年発刊）『動態的マーケティング行動』千倉書房

［6］大原悦子（2016）（初版2008年）『フードバンクという挑戦：貧困と飽食のあいだで』岩波書店

［7］流通経済研究所（2016）『海外における食品廃棄等の発生状況及び再生利用等実施状況調査』（農林水産省　平成27年度食品産業リサイクル状況等調査委託事業），http://www.maff.go.jp/j/shokusan/recycle/syoku_loss/161227_8.html#21foodbank（2018年4月5日参照）

［8］セカンドハーベスト・ジャパン（2015）「食品ロス削減におけるフードバンク活動の役割」『都市清掃』第68巻第327号，pp.78-81

［9］セカンドハーベスト・ジャパン（2016）「すべての人に，食べ物を。『社会運動』No.423，pp.46-63

［10］高島克義（1999）「品揃え形成概念の再検討」『流通研究』第2巻第1号，pp.1-13

第Ⅰ部　世界のフードバンクとその多様性

［11］牛久保明邦（2017）「食品リサイクル法と食品ロス削減」『都市清掃』第70巻第340号，pp.20-25

（杉村泰彦・小林富雄）

# 第3章

# 韓国：フォーマルケアとしての
# フードバンクの普及に関する分析
―韓国社会福祉協議会の事例―

## 第1節　はじめに

1）フォーマルケアとしてのフードバンクの位置付け

　多くの国の社会福祉政策には過剰な食品を有効活用するスキームが含まれていないため，「飢餓」と「飽食」という問題の解決は，それぞれ単独で行われる。しかし，フードバンク（以下，FB）の拡大は，多くの国で民間のインフォーマルケアシステムとして，「飢餓」と「飽食」の同時的解決に重要な役割を演じている。

　生活困窮者は，多数のインフォーマルな食料援助プログラムへ多くアクセスする（例えばGundersen and Ziliak（2014））が，そのようなインフォーマルケアは市場経済の外部で機能し，それが家庭内または家庭間の取組であるため，社会的に，そして政治的にも見えにくい（Arnoほか（1999））。そして，組織化された先進的なFBでは，寄付会計システムが整備され，外部評価にも耐えうるものとなっているものの，その活動の大半が市場外で実施されるため，ほとんど研究ではFBをフォーマルケアか否かという定義は明示されていないまま論じられている。

　そこで本章では，非営利団体（NPOs）のような民間組織により自主的に行われるFB活動を「インフォーマルケア」，そして政府の直接的な支援を受けたり行政や政府系機関が直接実施するものを「フォーマルケア」と定義する。

第Ⅰ部　世界のフードバンクとその多様性

　ところで，FBへの食品寄付は，贈与経済社会を分析する上での適切なケースの1つである。ボールディング（1973）は，『愛と恐怖の経済—贈与の経済学序説』において，慈愛に満ちた「愛」による贈与と，同調圧力や罰則付きの規則による「恐怖」にもとづく贈与を区別したフレームワークを用い，贈与がなぜ民主主義の社会の中に存在するのかを説明した。本章でも，ドナー（Donor, 寄付者）の動機に従い，寄付行動を2つのカテゴリに分けている。1つ目の法的な寄付の斡旋は，社会的な義務としてなされる一方，2つ目の自主的な寄付は，反対に喜んでなされることを表す。これは第1章の図1-4（p.28参照）で示した贈与交換の行動スケールを前提としている。

　多くの世界のFBは，インフォーマルケアの代表的なものであり，政府による管理下に置かれずにボランティア等により余剰食品を寄付する仕組みが整えられている。他方，フランスなどのヨーロッパ諸国では，法律は食品廃棄物政策の中で主要な役割を果たすことも多いが，その起源はインフォーマルな取組みであり，それだけではフォーマルケアのFBとすることは難しい。

## 2）韓国のフードバンク

　世界のFBシステムは多様化しているが，なかでも韓国のFBは政府の直接的な支援の下，フォーマルケアとして発展してきた点に特徴がある。このような韓国のアプローチにより，**図3-1**で示すとおり，非常に短い期間に多くの食品寄付を集めるシステムの構築に成功した。

　韓国政府は，国内FBのために重要な補助金を支給しており，特に，2007-08のリーマンショック（The Financial Crisis）の後，韓国のFBはさらなる成長軌道に乗ったが，当初韓国は，インフォーマルケアとしてFBが普及するような文化的背景はなかった。第1章でみたように，韓国ではアメリカのような自発的に寄付する文化が十分なかったこともあり，それまでは民間主導でのFBが発展しなかったのである[1]。

　韓国政府のFBへの取組は，食品廃棄物削減のための関係省庁の連絡議会として，1995年に始まった。1998年以後は，健康福祉部（Ministry of

第3章　韓国：フォーマルケアとしてのフードバンクの普及に関する分析

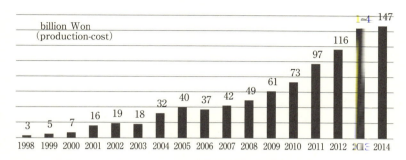

**図3-1　韓国フードバンクにおける食品寄付量の推移（生産コストベース）**
資料：韓国フードバンクウェブサイトより筆者作成。

Health and Welfare：以下，MHW）がFBをフォーマルケアシステムと位置付け，後述する表3-2のとおり普及を促進した（章，2010; Kang, Yang, and Lee, 2003）。こうして，韓国のFBシステムは，非常に短い期間に取扱量が増加した。Mejiaら（2015）やKim and McJilton（2012）が，韓国のFBシステムは，現在アジア最大の規模を誇っていると指摘するとおり，後述する香港，日本，台湾とは比較にならないほど大きい。

韓国のFB発展の特徴は，アメリカ合衆国との内因的ガバナンスの比較研究においても注目されている。Kim（2015）は，アメリカのFBモデルが一種の地域に密着したモデルであり，非営利団体あるいは地域団体がFBプログラムに自発的に取り組んでいると指摘する。そして多くのFBにおける取組が，このような地域に密着したアプローチであるという。他方，韓国は一種の中央集権的なモデルであり，そこでは，公的機関がFBを統括するうえ

---

（1）World Giving Index for 2015の調査によれば，韓国では，お金の寄付をすることの同意する34%，時間の寄付に同意する21%，そして，見知らぬ人を助ける50%であり，総合的な世界寄付指標（WGI）は65位であった。一方，FB発祥の地でもあるアメリカでは，それぞれ63%，44%，75%といずれも韓国を大きく上回り，WGIランキングは世界第2位であった（Charities Aid Foundation（2015））。

で主導的な立場を取っている。MHWは，韓国のFBの運営には，3つの階層的なレベルがあることを示しているが，それぞれ中央FB，広域FB，ローカルFBに分けられている。中央FBはソウル市内に1箇所，広域FBは全国に17箇所，地域FBは291箇所が拠点となっている。そして地域FBには，さらに個人の貧困層に直接食品を寄付するために作られたコンビニエンスストアのようなフードマーケット（以下，FM）が全国に126ある。したがって，韓国内には435のFB拠点が存在している。大部分のFBは，政府の外郭団体として1952年に設立された韓国社会福祉協議会（National Council on Social Welfare：以下，SSN）により運営されている。Kim（2015）によれば，SSNにより運営される中央FBは，17の広域FBをコーディネート，物流センターにおける寄付食品の仕分け業務，そして，その分配先の決定などについて従事する一方，地域FBは，ボランティアを通して寄付食品を集めている。このように韓国のFBシステムは，中央FBを中心とするモデルを採用し地方FBの自律性は少ない。政府による支援と補助金は，地方FBの自律性を抑制し全国のバランスを保つための重要な要因の一つとなっている。さらに，FBに十分な能力がなく，市民からの十分な支援を受けられないときには，このような中央集権的なモデルには利点がある。そのために，韓国のFBシステムは，短期間に劇的な発展をみせたとされる（Kim（2015））。

中央FBが集計した2011年のデータによれば，基本生計保安給付金（生活保護）の受給者150万人いるが，その受給者の半分は，基本生計保安給付金を十分に受領できていなかった。それは，FBの受益者（Beneficiary）数が徐々に増加していることと表裏一体である。またSSNは，2012年に韓国全土でFM受益者が1日あたり23万人に達したと報告しているが，彼らは基本生計保安給付金を受ける権利のない人たちであった。韓国FBは，2012年に全国4万の福祉団体に食品を寄付した。SSNは現在，受益者のニーズを満たすため，寄付を回収する小型トラックなどを導入するなど，様々な新しい手段を模索している。

このように，韓国のフォーマルケアとしてのFBを実態調査する重要な理

第3章　韓国：フォーマルケアとしてのフードバンクの普及に関する分析

由は，FBが普及していない国に定着させるベンチマークとしてその結論を用いることができるからである。従って，本章の主な目的は，フォーマルケアとして政府の直接的な関与が，寄付文化の低い国におけるFB導入のために効果的であることを示す点にある。そこで本研究では，主に食品寄付量（Quantity of Food Donation：*QFD*）と，韓国のFBの様々な食品寄付の種類（Variety of Food Donation：*VFD*）を調査した。そして，それは政府の支援を受ける中，世界でもっとも短期間に増加していったことから，フォーマルケアとしてのFBのパフォーマンスは高いという仮説を設定できる。以上が，本研究でアジア最大の韓国FBをケーススタディとして取り上げた背景である。

### 3）既存研究

フォーマルケアとしてのFBの研究は，公開済み論文ではまだ不十分である。それらは寄付者の行動を説明する研究，あるいは，受益者のニーズや食品寄付の量的な傾向を分析しているだけである。インフォーマルケアシステムとしてのFBは，受益者のニーズに対処する能力に制約が多い。Tarasukら（2014）は「カナダで公的なプログラムと政策の貧困対策への関与がない場合，FBは受益者の食品へのニーズを満たすための早急な唯一の方法である」と主張しているが，「FBの，援助を求める人々のニーズに応じる能力には限界がある」と結論づけている。

Cotugnaら（1994）は，FBがバランスのとれた食事に対する潜在的機会と同様に，貧困者の数を把握しながら食事の質的な評価方法を開発する必要があるとした。一方，Garroneら（2014）は，FBがその寄付量を増大する必要があると指摘している。またFBのパフォーマンスは，人的資源，特に仕事の種類やパートタイムかフルタイムかどうかに強く依存する（Do Paco and Agostinho（2012））。以上の研究はFBに関する課題を指摘しているものの，その解決策を提供できていない。

Gonzalez-Torre and Coque（2016）は，クラスタ分析を通じ，FBはドナ

55

ーとの関係性により複数のタイプに分類することができるとした。Wang and Lyu（2013）は，FBが発展する際，コミュニティ・ネットワークの重要性を指摘した。しかし，これらは政府との関係性についてはほとんど議論していない。

　以上のように，フォーマルケアとしてのFBの分析をした研究はほとんどないが，唯一Daponte and Bade（2006）は，公的なフードスタンプと民営のFBの関係性について議論した。しかし彼らの研究は，主にインフォーマルケアとしてのFBの重要性を強調している。またSchneider（2013）は「食品寄付をしようが，食品を求めている人にいくら届けようが，飢餓は無くならない」と指摘した。Van der Horstら（2014）は，受益者への食料支援と提案に関する認識とその感情を調査し，食品寄付の基本的な特徴は配布する方法を改善し，受益者の怒りやスティグマ（Stigma）を避ける対応が必要だと提言した。

　本章では，先述した目的に加え，Schneider（2013）やVan der Horstら（2014）が指摘する課題に対してフォーマルケアが適切であるかどうかも分析する。

## 第2節　研究の方法

### 1）リサーチデザイン

　本章では，回帰分析を用いて韓国FBにおける取組当初からの$QFD$発展の要因を特定したあと，寄付食品の種類（$VFD$）について分析する。

　$QFD$トレンドを回帰分析する際，独立変数として2003年から2013年まで各年の金額ベースの食品寄付量，第一説明変数としてFBのための政府助成金の金額，第二説明変数としてFBのために政府の様々な質的な支援活動の代理変数として，トレンド変数を設定した。

　$VFD$の分析には，寄付された食品を5つのカテゴリ（主食，おかず類，食材料，間食類，その他）に分類し，その集中度を計測するハーフィンダール・ハーシュマン・インデックス（Herfindahl-Hirschman index：HHI）を用いて，

第3章　韓国：フォーマルケアとしてのフードバンクの普及に関する分析

リーマンショック後の中央物流センター設立により特に変化が大きかった2009年と2011年のデータについて偏りの変化を計測した。また，ドナー業態の偏りについても7つの業種（食品卸売業および小売業，惣菜販売，食品製造業，一般家庭および個人，レストラン，給食サービス，その他）に区分し，両年のHHIの変化を計測した。

さらに定量データの不足を補うため，詳細なドナーの性質を把握するための質的調査を実施した。FBの活動当初から現在に至る経緯について観察されたトレンドに関して，韓国FBの中央FB，広域FB，ローカルFBの3つの階層における管理職レベルへの半構造化した対面式インタビューを実施した。各々の組織が異なる目的で設立されているため，過度に構造化したインタビューは本研究においては不適当であると考えた。但し，Pope et al.（2009）やWeger（2011）にあるように，資金と人的資源の問題はFBを含むほとんどのNPO活動にとって普遍的な課題であると考えられる。従って，「雇用」「食品寄付行動」「現金寄付行動」の3点については構造的なインタビューを行った。

2）データ

先述の図3-1のとおり食品寄付量，つまりQFDのデータは韓国FBのウェブサイトを参照した。政府からの助成金データは非公表であったため，SNNとの半構造化インタビューから内部データを得た。トレンド変数に関しては，政府によるFB活動支援策が毎年連続的に実行されている事実を踏まえ，分析期間を0から1ずつ増加するダミー変数を用いた。

分析対象期間は，韓国FBへの食品寄付量は図3-1のとおり1998年以降毎年得ることが出来たが，政府助成金に関するデータが2003から2012年までしか得られなかったため，回帰分析はその10年間に限定した。

上記の5つのカテゴリに分類される食品寄付の割合と，7つのドナー区分のシェアデータは韓国FBウェブサイトから得た。但し，寄付食品の5つのカテゴリの割合については2009年と2011年だけに限定された。また，7つの

ドナー区分に関するデータは，2005から2011の一年おきに限定された。

定量データの不足を補うために，平均1時間以上，各組織の管理職へ事前に質問表をメールにて送付する半構造化された詳細な対面式インタビューを実施し，事後的に電子メールによる追加的インタビューを実施した。合計で11組織の管理職へインタビューした（中央FB（1），中央物流センター（1），広域FB（1），地域FB（5），食品製造業（2），食品流通業（1））。全国に16ある広域FBへのインタビューは，韓国最大のソウル広域FBを選択した。地域FBへのインタビューは，ソウル特別区と離島の済州特別自治道の団体を選択した。インタビューの実施時期は，下記のとおりである。

2011年12月：SSNにより運営される中央FB（3名）と中央物流センター（2名），財閥系食品メーカーC（1名）
2012年9月：3つの地域FB—SSNにより運営される永登浦幸せ分かち合いFM（4名），救世軍により運営される麻浦基礎FM（3名），SSNにより運営される麻浦FM（2名）
2013年10月：SSNにより運営されるソウル広域FBセンター（2名），財閥系食品メーカーD（1名）
2016年10月：済州特別自治道社会福祉協議会（2名），同協議会が運営する「愛の分かち合いフードマーケット」（3名），幸せ分かち合いマート協同組合（流通業：1名），済州市北部基礎フードバンク（3名）

さらに，MHWから出版されている灰色文献（政策関連資料，韓国FB年次報告）により情報収集した。

### 3）分析アプローチ

本研究では，3つの分析的側面である $QFD$，$VFD$ そしてドナーの寄付行動の変化から韓国FBのパフォーマンスを明らかにする。

第3章　韓国：フォーマルケアとしてのフードバンクの普及に関する分析

## （1）食品寄付量（QFD）

　食品寄付の量は十分なカロリーを含む食料を提供する能力と関連することから，Kim and Lee（2013）によれば，韓国のFB支援策は量的な成長に注力していた。その食品寄付量（QFD）は，原則としてMHWによる製造コストベースの食品寄付額から集計されるデータから成る。データの制約から2004年から2013年まで10年間のQFDの成長要因を分析するために，以下のモデルを設定した。

$$QFD = \beta_0 + \beta_1 AS + \beta_2 TV,$$

　QFDは食品寄付量であり，ASは，政府からの助成金（GS）の累積額（累積助成金），TVはトレンドダミー，βはそれぞれの係数を表す。

　累積助成金であるASはFB導入時の基盤的な資金となるが，その効果が数年継続することを示している。食品寄付は生産コストの合計金額として捉えられており，その価値が食品の販売価格には基づいていない。

　GSは，インフラ整備のために主に使われるが，その影響はGSが支出されてすぐに影響が現れるものではなく，またそれは蓄積されるものである。そのため，**表3-1**で示すように，その効果は1年後に発揮され，それが蓄積する累積金額として定義される。

　QFDのトレンドは，法律とガイドラインの公布などの公的な活動方針により影響を受けながら，認知度向上などの影響は年を追うごとに大きくなっていくものと考えられる。従って，ここでは毎年増加する時間ダミーとして

表3-1　QFDの説明変数

|    | 2003 | 2004 | 2005 | 2006 | 2007 | 2008 | 2009 | 2010 | 2011 | 2012 | 2013 |
|----|------|------|------|------|------|------|------|------|------|------|------|
| GS | 29 | 95 | 149 | 180 | 180 | 227 | 11,066 | 5,386 | 3,703 | 1,402 | — |
| AS | — | 29 | 124 | 273 | 453 | 633 | 860 | 11,926 | 17,312 | 21,015 | 22,417 |
| TV | — | 1 | 2 | 3 | 4 | 5 | 6 | 7 | 8 | 9 | 10 |

資料：SSN内部資料により筆者作成。

第Ⅰ部　世界のフードバンクとその多様性

表3-2　韓国フードバンクの歴史

| 1998年1月 | 4大都市（ソウル・釜山・大邱・果川）でフードバンクモデル事業実施 |
|---|---|
| 1998年6月 | 保健福祉部がフードバンク事業を100大国政課題に盛り込む |
| 1998年9月 | 専用電話設置，全国に事業を拡大 |
| 2000年5月 | 健康福祉部が社会福祉協議会を全国フードバンクに指定（事業委託） |
| 2000年12月 | シンボルマーク，キャラクター制定 |
| 2001年1月 | 税法改正，食品寄付額を全額損金処理が可能（控除額上限なし） |
| 2001年1月 | 「フードバンク事業長期発展計画」の策定 |
| 2001年8月 | 全国フードバンクホームページ開設 |
| 2002年2月 | 政府合同の生ごみ減量・資源化推進計画にフードバンクを盛り込む |
| 2002年7月 | 食品寄付総合情報システム（FMS）構築 |
| 2004年4月 | 環境部が生ごみ廃棄物総合支援対策でフードバンク事業拡大を計画 |
| 2006年3月 | 食品寄付活性化法制定 |
| 2009年2月 | ソウル広域フードバンク物流センター開設 |
| 2009年9月 | 大田広域市に中央物流センター開設 |

資料：健康福祉部（2015），章（2010）より作成。

$TV$を「トレンド変数」と定義し，表3-1に示すように，毎年実施される政策による影響を$TV$が毎年1ポイント増大するものとした。

表3-2で示すように各年の政策は，毎年少しずつFBに影響を及ぼすものとして仮定している。例えば，2001年の税法改正により食品寄付額を上限なしで全額損金処理が可能となった。また，2006年の食品寄付活性化法では，食品衛生事故におけるドナーの免責条項が制度化された。これ以降，ドナーが故意または組織的に事故を発生させない限り，食品寄付に伴う衛生事故の市民としての責任は課されないこととなった。

（2）食品寄付の多様化（$VFD$）

寄付食品の種類（$VFD$）は，受益者のために食品の栄養的なバランスを維持することに関連している。ここでは，摂取する食品の多様性を示す$VFD$を測る指標としてHHIを用いる。HHIは本来，産業内の競争レベルを数値化する指標であり，各々の企業の市場占有率（マーケットシェア）の二乗値の合計と定義される。そうすることで，各企業のシェアが小さく極めて競争的な状態ではHHIは限りなくゼロに近くなり，1社の独占市場では1（シェア

第3章　韓国：フォーマルケアとしてのフードバンクの普及に関する分析

100％とする場合は10,000）と等しくなる。このアプローチを応用し，HHIが減少すればVFDの偏りが少なくなり有益であると仮定する。分析において使われるVFDは，5つのカテゴリに分類される。それは，主食（米，麺，パン），おかず類（腐敗しやすい惣菜類，ピクルスやキムチなど），食材料（肉，野菜，魚，海草，豆），菓子類（クッキー，キャンディ，ドライフルーツ，ジュースなど），その他（調味料，食用油，その他）であり，それぞれに分類された寄付食品のデータを用いた。なお2009年と比較した場合，2011年のQFDは，製造原価ベースで63.9％増加していた。

（3）食品ドナー業態の多様化

ドナー数は，FBの食品流通システムを基礎づけるものであり，その食品アクセスの範囲を示すものでもある。わずか2，3社の寄付しかないようなドナーの偏りが存在しなければ，多種多様な食品寄付を様々な会社から受け取ることができ，バランスのよい食事ができる。さらに，地元のFBが全国の倉庫と繋がっていれば，受益者間の格差は軽減される。先述したリサーチデザインに従い，VFDの偏りに関係する指標としてドナー業態別シェアのHHIも計測した。なおドナー増加数は，食品寄付総量の増加を伴い，2011年11月時点でその累積数は，34,341社に達した。

## 第3節　調査結果

1）*QFD*の分析結果

表3-1から韓国FBの*QFD*を目的変数とした重回帰分析の結果が表3-3である。回帰式は，下記のとおりである。

$$\text{Reasoning} = 23.88 + 2.44[AS] + 4.91[TV],$$

[AS]は5％，[TV]は10％水準で有意であり，複数の変数を比較し，表3-3

表3-3 回帰分析の結果

| 変数（範囲） | 係数 | 標準誤差 | t値 | p値 |
|---|---|---|---|---|
| $\beta_1$[AS]（0.03-22.42） | 2.43 ** | 0.75 | 3.22 | 0.01 |
| $\beta_2$[TV]（1-10） | 4.91 * | 2.38 | 2.06 | 0.08 |
| $\beta_0$ | 23.88 ** | 8.95 | 2.67 | 0.03 |

有意水準：** 5%，* 10%。
注：調整済み $R^2$=0.94，N=10，F値（2,7）= 67.52，p値 = 2.658e-05。

に示すモデルを重回帰分析の推論において最も直接的な予測因子と判定した。調整済み決定係数（$R^2$ = 0.94）は，推論の予測値の分散の有意な量（94%）を説明している。[AS]および[TV]のp値は，いずれも0.1以下であり，特に[AS]は0.01と非常に信頼性が高い。他国のインフォーマルケアとしてのFBにおいては，この分析のように10年余りという短期間で寄付が増加したケースはみられない。

## 2）VFDの分析結果

表3-4は，寄付食品の5つのカテゴリ毎のシェアから，その集中度を示すHHIを計測したものであり，2009年から2011年にかけて減少したことが示されている。同期間中，シェアが最大の主食と間食類のシェアが減少する一方，食材料とおかず類が増加している。また，**表3-4**カッコ内の金額が示すように，同期間のQFDは約1.5倍に増加している。このように，QFDの増加と食品カテゴリHHIの減少（VFDの多様化）は，受益者が，より栄養バランスのよい食事を利用できる可能性を示唆している。

ドナー業態別のHHIは，VFD変化の説明を補強する1つの指標になる。**表3-5**は，業態別に区分したドナーの新規登録者数と再登録者数の合計（以下，新規ドナー数）とその累積数のHHIを示したものである。データが得られた2005年，2007年，2009年と2011年をみると，新規登録者のHHIは，それぞれ，1,691，1,837，1,981，2,741と増加傾向を示しており，次第に登録者の偏りが強まってしまった。しかし，2005年から2011年までの間，ドナーの数は着実に増加している。このように新規ドナー数の偏りが増加してしまった要因は，

第3章 韓国：フォーマルケアとしてのフードバンクの普及に関する分析

表3-4 寄付食品の種類別ハンフィーダール指数（HHI）

(千ウォン)

| | 主食 | おかず類 | 食材料 | 間食類 | その他 | 合計 | HHI |
|---|---|---|---|---|---|---|---|
| 2009 | 44.1%<br>(25,458) | 13.9%<br>(7,996) | 15.3%<br>(8,849) | 22.8%<br>(13,139) | 3.9%<br>(2,247) | 100.0%<br>(57,689) | 2,909 |
| 2011 | 40.7%<br>(36,333) | 14.8%<br>(13,195) | 20.0%<br>(17,820) | 22.4%<br>(19,994) | 2.1%<br>(1,865) | 100.0%<br>(89,207) | 2,364 |

資料：韓国フードバンクウェブサイトより筆者作成。

表3-5 業態別新規登録ドナー数とその累積合計の集中度（HHI）

| | 食品卸売業および小売業 | 惣菜販売 | 食品製造業 | 一般家庭および個人 | レストラン | 給食サービス | その他 | 合計 | HHI |
|---|---|---|---|---|---|---|---|---|---|
| 2005 | 25.3%<br>(824) | 14.8%<br>(483) | 13.2%<br>(429) | 15.2%<br>(495) | 4.6%<br>(149) | 8.8%<br>(287) | 18.2%<br>(593) | 100.0%<br>(3,260) | 1,691 |
| 2007 | 27.0%<br>(777) | 16.3%<br>(470) | 16.5%<br>(475) | 13.7%<br>(396) | 4.0%<br>(114) | 3.7%<br>(108) | 18.8%<br>(543) | 100.0%<br>(2,883) | 1,837 |
| 2009 | 25.7%<br>(1,224) | 13.4%<br>(638) | 13.6%<br>(647) | 13.3%<br>(635) | 3.8%<br>(179) | 2.7%<br>(129) | 27.5%<br>(1,310) | 100.0%<br>(4,762) | 1,981 |
| 2011 | 14.2%<br>(898) | 6.2%<br>(396) | 41.9%<br>(2,654) | 8.8%<br>(559) | 1.6%<br>(102) | 1.5%<br>(95) | 25.8%<br>(1,634) | 100.0%<br>(6,338) | 2,741 |
| 累計値注 | 22.5%<br>(7,727) | 13.5%<br>(4,642) | 18.5%<br>(6,354) | 12.5%<br>(4,284) | 4.1%<br>(1,420) | 6.3%<br>(2,147) | 22.6%<br>(7,767) | 100.0%<br>(34,341) | 1,755 |

資料：韓国フードバンクウェブサイトより筆者作成。
注：2011年11月までの数値である。

「食品製造業」と「その他」が増加したからである。

但し，2011年11月までの累積ドナー数のHHIは1,755であり，2007年，2009年，2011年のHHIよりも低い。これは，2005と2007年に「食品卸売業および小売業」の新規ドナー数が最大であり，偏っていた状況が改善されたことを示しているのである。なお，食品製造業の増加とVFDとの関係については，後述する食品メーカーの詳細な寄付行動をみなければ，正確な分析はできない。

### 3）ドナーの寄付行動における質的調査

#### （1）FB拠点における雇用者

QFDを増加させるためには，主にFBの配達スタッフ増員，寄付募集のプロモーション活動，物流等のインフラ整備ができるかどうかに依存する。こ

第Ⅰ部　世界のフードバンクとその多様性

こまでの分析ではデータ不足により説明が不十分であるため，以下では，地域FBへの現地インタビューを通して雇用の実情について把握する。

地域FBを代表する永登浦地域社会福祉協議会は，1つのFBと2つのFMを運営し，合計18名の従業員がいる。FBには1名，FMには4名の専属従業員，事務員が3名，そして残りの10名がボランティア従業員である。永登浦区は，この人件費のために若干の助成金を提供している。

韓国社会福祉協議会（SSN）によれば，地域FBのおよそ20％は，宗教団体によって運営されているが，キリスト教系の宗教団体として有名な救世軍（The Salvation Army）も，ソウル特別区内の麻浦区で5つのFMを傘下に持っている。救世軍は，2008年3月にFBとFMを運営し始め，その主な運営費をソウル市と麻浦区から半分ずつ助成金として得ている。但し，助成金は毎月KRW220万ウォンであるが，そこには人件費は含まれない。そのため救助隊の本部の寄附金から毎月百万ウォンの人件費が支払われている。これは，主にソウル市と麻浦区から運営経費とは別のそれぞれ1名分の助成金があるという。2006年に施行された食品寄付活性化法（先述の**表3-2**）は，政府と地方自治体のFB補助金支給を促進する背景になっており，ソウル市と麻浦区から救世軍に対し5名の職員が派遣された。彼らは，麻浦区から兵役免除を受けた3名の若者とソウル市労働部の2名の職員である。さらに，12名のパートタイムのボランティアもいる。このように，地域FBとFMの人的資源は，主に政府の補助金とボランティアによって支えられている。

ソウルからおよそ420km，飛行機で約1時間の韓国南海に位置する済州島（人口55万人）でも1998年に広域FBが設立され，2015年まで，3つのFBと2つのFMが活動している。中央FBからの移送は1割程度で，残り9割は島内での自主的な食品寄付がある。先述の2006年の寄付活性化法を契機に2007年からFB事業がスタートした北部基礎FBでは，年間29ヶ所の福祉団体等に合計1,199人，2.4億ウォン分の食品を寄付（2015年度実績）しているが，専任職員は1名と社会服務要員[2]の2名で，その他はボランティアである。専任職員の人件費は2,490万ウォン（約250万円）だがすべて済州市と済州特

第3章 韓国：フォーマルケアとしてのフードバンクの普及に関する分析

別自治道からの補助金で賄われている。人手不足なため，もうひとり専任職員を雇用することが今後の課題であるという。

(2) 寄付行動の変化

前節までの分析により，時間の経過とともにVFDが増加したことが示された。しかし，ドナー企業自体にも行動変化がみられた。小林（2018）によれば，コチュジャンを主力商品とする韓国の最大手食品会社D社は，毎年20～30億ウォン（製造原価ベース）の食品をFBへ寄付しているが，その内訳は，返品された食品50％，生産過剰品が30％，そして残りの20％がFBのために特別に製造されたものである。また，財閥系C社は毎年約20億ウォンの食品をFBに寄付している。2012年には4人家族のために，砂糖と小麦粉などの3カ月分の食品と日用品の寄付セットを中央FBに寄付した。また，年に5回，老人や病人など一人暮らしの方々のために毎回約22,000世帯に「希望のシェアのギフトセット」（23,900ウォン分）を寄贈している。以上の寄付は過剰品ではなく，FBのために製造された通常の製品の寄付である。

離島の済州市にある，小売業を展開する幸せ分かち合いマート協同組合(행복나눔마트 협동조합)では，2014年にFBを運営する済州特別自治道社会福祉協議会と業務協約を締結し，これまで食品寄付を行ってきた。韓国で2007年に施行（2010年改正）された社会的企業育成法であり，広報担当社へのインタビューによると「ソーシャルビジネス認定を受けることで人件費として補助が受けられる」ことが契機になったという。但し，運営するスーパーの余剰品は返品されたり，ビュッフェレストランの残りも衛生上の問題で寄付

---

(2) 社会服務要員は，徴兵検査において4級の判定を受けた者に対する兵役の代替的徴兵であり，徴兵制度において定められる。初任給は月額16万3,000ウォン（昇給あり），服務期間は法律上26カ月，実際の運用上では24カ月となるのが一般的である。なお，4級は「補充役」に該当し現役兵になることも可能な程度であるが，現在は兵士が不足しているわけではないため，地方自治体や福祉施設へ自宅から勤務することで兵役を全うする。持病などがあって健康状態にやや不安がある人が4級判定される場合が多いという。

第Ⅰ部　世界のフードバンクとその多様性

**写真 3-1　貧困者向けの寄付コーナー（上：店内）と FM 外観・受益者証（下）**
資料：筆者撮影。

できないため，貧困者が毎月20万ウォン分以内の範囲で，店内のパンを好きなだけ持ち帰られる食品寄付を行っている。対象となるのは，済州特別自治道社会福祉協議会が運営している「愛の分かち合いフードマーケット（済州市）」の受益者で，緊急支援対象者，基礎生活受給脱落者，潜在貧困層[3]，次上位階層[4]，そして済州市推薦者が含まれる。

### （3）現金寄付の増加

多種多様な食品を提供し続けるには，寄付食品の品揃えを補うために，足りない食品を購入することも重要である。表3-2に示した2001年の税制改革は，現金寄付にも大きな影響を与えた。食品および飲料企業は，上限を設けずに食品寄付の100％税額控除を受けることができるが，非食品製造企業もまた，非食品の現物品目および現金寄付について上限30％の法人税の控除を受けることができる。従って，この税制改革は韓国企業の寄付行動に大きな

影響を与え，法人税法施行令第19条および所得税法施行令第55条により法人税と個人税の両方に適用されるようになり<sup>(5)</sup>，現金寄付に対する国民の意識は高まっている。中央FBは2011年の実績値として約10億ウォン分の寄附金を集めたという。

　麻浦区SSNが管轄する地域FBでは，受益者からの様々な要求に応えるために，同管轄内の近隣FM間では，店頭在庫を交換し，特定の食料品が多すぎたり少なすぎたりする偏りを排除している。それでも足りない食品は，銀行口座から毎月定額が引き落とされるCMS（Cash Management Service）を通じて集めた寄付金により，取り扱う食品全体の約50％にあたる月額400万ウォン分で不足する食品を購入している。なお，麻浦区SSNは，FMへ寄付された食材を使用し栄養士がバランスのとれた食事を提供する貧困者向けレストランを運営している。寄付金から，年間2,000～3,000万ウォンがレストランの運営費として予算化している。

　永登浦区のローカルFBは，中央配送センターから毎月約2,200万ウォン分の食品寄付を受けているが，それだけでは不十分であるため，寄付とは別に米や大人向けおむつなど必要なものを購入している。同FBでは，食料品や雑貨などの現物寄付を年間約15億ウォン分受け取るのに対し，現金寄付額は200～300百万ウォンである。

　救世軍によって運営されている「麻浦基礎基本フードマーケット」は2つのFMを管理するが，ソウル広域FB物流センターからの寄付食品に加え，隣接する卸売市場や近隣の企業から多種多様な食品が寄付されており，店内に冷凍庫が設置されていることから冷凍食品の受け入れが可能である。それに加え，寄付された衣料品を販売し，その現金収入でも追加的に食品を購入している。

　済州市の「北部基礎FB」では現金寄付は受け付けていない。しかし同市

---

（3）最低生計費の1～1.2倍の所得がある層を指す。
（4）固定資産があるため基礎生活保証対象にはなれない非受給貧困層を指す。
（5）但し，寄付と称した偽装出荷事件が摘発されるなどの問題があるという。

の幸せ分かち合いFMでは，2016年に2,844万ウォンの現金寄付を集めた。但し，CMSを使うため住所登録がソウルや釜山にある移住者などは，済州市在住でも現金寄付ができないという。

## 第4節　議論と小括

　本章では，フォーマルケアシステムとして政府のFBへの直接的な支援により，FBへの食品寄付量（$QFD$）が2004年と2013年の間に増加したことを明らかにした。2001年の税制改革や2006年の食品寄付活性化法のほか，政府によるさまざまな宣伝活動などを通じ，韓国企業と一般市民による食品寄付は大きく促進された。また，2009年から2011年にかけて$VFD$の偏り集中度が低下していることが示された。これは，これまでほとんど寄付していなかった食品メーカーが，政府により大田広域市の中央物流センターやソウル広域FB物流センターなどが開設され，製造業を中心にドナー登録数が増加したことが要因である。製造業は，過剰品だけでなく，FBが望む商品もわざわざ寄付しているからである。従って，韓屋のFBはフォーマルケアシステムとして広く機能しているといってよい。韓国政府の支援の下，FBの推進は米国のような他国のインフォーマルケアとは根本的に異なるシステムに成長したのである。

　なお，前章でみたフランスなどではフォーマルとインフォーマルが混在したケアシステムとなっているケースがある。ヨーロッパでのフォーマルケアは，FEAD（欧州援助基金）によって促進されている。しかし，FBの物流センター設立や人件費に対する補助金など各国政府の活動は韓国ほど進んでいない。表3-1に示したように，2009年の李明博政権の交代を境に，健康福祉部の政府補助金[$GS$]は増額され，中央流通センターの設置がソウルだけでなく全国的にもFBに対する食品寄付体制を強化した。

　第1章でもみた，Charities Aid Foundation（2015）のWorld Giving Indexによると，韓国は寄付指数が総合64位と寄付文化が弱い国である。し

第3章　韓国：フォーマルケアとしてのフードバンクの普及に関する分析

かし，韓国政府が断続的に寄付を促進する政策を実施したことから，2008年には世界の食料価格が高騰したにもかかわらず，韓国の食品援助給与の傾向は一貫して増加し続けた。このように，韓国での寄付行動の増加は一時的なトレンドではないことは明らかである。本研究で分析した韓国における食糧支援の実践は，World Giving Indexの指標とは異なる寄付社会を形成する可能性があることを示したのである。

以上のとおり韓国FBが，過去10年間で企業や個人からの継続的な寄付を受けることに成功した。政府がFBを促進し法律に基づく補助金を提供する場合，韓国でみられる寄付社会の発展が，ある種の強制力を持って推進される。言い換えると，図3-1に示すQFDの拡大のためには，第1章で示した寄付は自発的に行われる「贈与交換」ではなく，むしろ義務と強制に基づく交換の仕組みであるのかもしれない。

いずれにせよ，韓国では寄付文化が弱いにもかかわらず，いわば強制的な政府の推進策により，フォーマルケアとしてFBが発展した。従って，本章の結果は寄付文化が確立されていない他の国々のロールモデルとして利用することは可能であろう。但し本章の分析は，主にドナーの行動に焦点を当てており，ドナーや受益者の「感情」や「実際のニーズ」などを直接調査することはできなかった。その点は今後の課題となる。

**参考文献**
[1] Arno, P.S., Levine, C., and Memmott, M.M. (1999), "The Economic Value of Informal Caregiving", Health Affairs, Vol.18 No.2, pp.182-188
[2] Boulding, K. E. (1973), The Economy of Love and Fear: A Preface to Grants Economics, Wadsworth Publishing Company, California.
[3] Charities Aid Foundation (2015), "World Giving Index" https://www.cafonline.org/about-us/publications/2015-publications/world-giving-index-2015　2016年11月9日アクセス
[4] Cotugna, C., Vickery, C. and Glick, M. (1994), "An outcome evaluation of a food bank program", Journal of the American Dietetic Association, Vol.94 No.8, pp.888-890.
[5] Daponte, B.O. and Bade, S. (2006), "How the private food assistance

network evolved: interactions between public and private responses to hunger", Nonprofit and Voluntary Sector Quarterly, Vol.35 No.4, pp.668-690.
[ 6 ] Do Paco, A. and Agostinho, D. (2012), "Does the kind of bond matter? The case of food bank volunteer", International Review on Public and Nonprofit Marketing, Vol.9 No.2, pp.105-118.
[ 7 ] Edin, K., Boyd M., Mabli, J., Ohls, J., Worthington, J., Greene, S., Redel, N. and Sridharan, S. (2013), SNAP Food Security In-Depth Interview Study Final Report, Washington, DC, USDA.
[ 8 ] Feeding America (2014), "Hunger in America 2014 National Report", http://help.feedingamerica.org/HungerInAmerica/hunger-in-america-2014-full-report.pdf　2016年11月8日アクセス
[ 9 ] Flick, U. (1995) Qualitative Sozial Forschung, Hamburg: Rowohlt.
[10] Garrone, P., Melacini, M. and Perego, A. (2014), "Surplus food recovery and donation in Italy: the upstream process", British Food Journal, Vol.116 No.9, pp.1460-1477.
[11] Global FoodBanking Network (2013), "The Global Food Bank Community", http://www.foodbanking.org/food-banking/global-food-bank-community/　2016年11月9日アクセス
[12] Gonzalez-Torre, P.L. and Coque, J. (2016), "How is a food bank managed? Different profiles in Spain", Agriculture and Human Values Vol.33, pp.89-100.
[13] Gundersen, C. and Ziliak, J.P. (2014), "Childhood food insecurity in the U.S.: Trends, causes, and policy options", The Future of Children, Vol.24 No.2, pp.1-19, http://futureofchildren.org/futureofchildren/publications/docs/ResearchReport-Fall2014.pdf　2016年11月9日アクセス
[14] Gundersen, C., Fan, L., Baylis, K., DelVecchio, D., T., Park, T. and Hake, M. (2016), "The use of food pantries and soup kitchens by low-income households", paper presented at the 2016 Agricultural & Applied Economics Association, July 31-August 2, Boston,MA. http://ageconsearch.umn.edu/bitstream/236172/2/The%20Use%20of%20Food%20Pantry%20by%20Low-Income%20Households%20AAEA%20Paper%202016.pdf　2017年2月1日アクセス
[15] Kang, H.S., Yang, I. and Lee, Y.S. (2003), "Investigation of the conditions and evaluation of the benefits of the food bank program from the recipient's perspective", Korean Journal of Community Nutrition, Vol.8 No.2, pp.231-239.
[16] Kim, H. and Lee, H. (2013), "On the possibility and limitation of food

## 第 3 章　韓国：フォーマルケアとしてのフードバンクの普及に関する分析

  solidarity through the food bank project", Journal of Korean Society, Vol.14, No.1, pp.31-71, in Korean.
[17] Kim, R. and McJilton, C. (2012), Food Banking in Korea Report, Second Harvest Japan, Tokyo.
[18] Kim, S. (2015), "Exploring the endogenous governance model for alleviating food insecurity: Comparative analysis of food bank systems in Korea and the USA", International Journal of Social Welfare, Vol.24, pp.145-158.
[19] Loopstra, R., Reeves, A., Taylor-Robinson, D., Barrand, B. and Stuckler, D. (2015), "Austerity, sanctions, and the rise of food banks in the UK", BMJ, Vol.350, pp.h1775-h1775.
[20] Mejia, G., Mejia-Argueta, C., Rangel, V., García-Díaz, C., Montoya, C. and Agudelo I. (2015), "Food donation: An initiative to mitigate hunger in the world", paper presented at the Meeting Urban Food Needs (MUFN) Programme, July 1, Rome, Italy. http://www.fao.org/fileadmin/templates/ags/docs/MUFN/CALL_FILES_EXPERT_2015/CFP3-23_Full_paper.pdf 2017年2月1日アクセス
[21] Ministry of Environment. (2010), "Inconvenient truth included in our tables", available at https://www.zero-foodwaste.or.kr/u_e_/board/boardView.do?type=10&bbsSeq=56　2016年11月9日アクセス
[22] Ministry of Health and Welfare. (2015), "Donation food distribution business in 2014 FY", http://129.go.kr/common/downFile.jsp?filename=201 4%B3%E2%B5%B5_%B1%E2%BA%CE%BD%C4%C7%B0%C1%A6%B0%F8 BB%E7%BE%F7_%BE%C8%B3%BB.pdf&dataDir=/board/data　2016年11月9日アクセス
[23] Pope, J. A., Isely, E. S., & Asamoa-Tutu, F. (2009) Developing a Marketing Strategy for Nonprofit Organizations: An Exploratory Study. Journal of Nonprofit and Public Sector Marketing, 21 (2), pp. 184-201
[24] Schneider, F. (2013), "The evolution of food donation with respect to waste prevention", Waste Management, Vol.33 No.3, pp.755-763
[25] Tarasuk, V., Dachner, N., Hamelin, A.M., Ostry, A., Williams, P., Bosckei, E., Poland, B. and Raine, K. (2014), "A survey of food bank operations in five Canadian cities", BMC Public Health, Vol.14, p.1234
[26] Van der Horst, H., Pascucci, S., & Bol, W. (2014), "The 'dark side' of food banks? Exploring emotional responses of food bank receivers in the Netherlands", British Food Journal, Vol.116 No.9, pp.1506-1520
[27] Walters, S. (2010), From Pantry to Food Bank: The First Forty Years. A

History of the Food Bank of Yolo County, AuthorHouse, Bloomington
[28] Wang, K.Y. and Lyu, L. (2013), "The emergence of food bank/voucher programs in Taiwan: a new measure for combating poverty and food insecurity?", Asia Pacific Journal of Social Work and Development, Vol.23 No.1, pp.48-58
[29] Weger, B. (2011). Inspired Good. Nonprofit Marketing for a Better World. Trafford Publishing.
[30] 小林富雄（2018）『改定新版　食品ロスの経済学』農林統計出版
[31] 章大寧（2010）「韓国のFood Bank制度―環境・資源的役割に注目して―」南九州大学研報, 40B
[32] 農林水産省（2016）『平成28年度食品産業リサイクル状況等調査委託事業　国内フードバンクの活動実態把握調査及びフードバンク活用推進情報交換会報告書（概要版）』http://www.maff.go.jp/j/shokusan/recycle/syoku_loss/attach/pdf/161227_8-35.pdf　2017年6月1日アクセス

**参考ウェブサイト（2018年4月4日アクセス）**
［1］幸せ分かち合いマート協同組合（행복나눔마트협동조합）：http://nanummartjeju.kr/
［2］健康福祉部フードバンク（보건복지부 전국푸드뱅크）：http://www.foodbank1377.org/

（小林富雄）

# 第4章

# イギリス：フードバンク普及における大規模小売業者の役割

## 第1節　はじめに

　アメリカ（1970年代）やフランス（1984年）に遅れて，イギリスでは1994年にフードバンク（FB）が設立された。近年ではその取扱量は急速に増加しているものの，寄付が盛んなアメリカや，多額の公的資金が投入されている韓国やフランスに比べるとその規模はまだ小さい[1]。イギリスでFBの普及が遅れた背景には，かつての「ゆりかごから墓場まで」の生活が保障される社会保障制度が充実していたことがある[2]。

　一方，環境問題という面では，世界でも稀有な政府系NPOであるThe Waste and Resource Action Programme（以下，WRAP）が，イギリス国内の大規模小売業者の活動に大きな影響力を及ぼしている。WRAPは，国連が策定したSDGs 12.3における2030年までのフードロス削減目標の策定に

---

(1) フランスのバンクアリマンテール全国同盟（Bank Alimantaires Alliance）へのヒアリングによるとイギリスFBの食品取扱高は，フランスFBの10分の1程度の規模であるという（2017年2月21日パリでの対面取材による）。またFeeding AmericaウェブサイトによるとアメリカFBの食品取扱量は130万トンであるという（正確な統計調査にもとづく数値ではない）。詳細は佐藤（2018）等を参照。
(2)『標準社会福祉用語事典』(2006)によると，日本では狭義の社会保障を，公的扶助，社会福祉，社会保険，公衆衛生及び医療，老人保健の総称としているが，イギリスの社会保障（Social Security）は，経済的保障のみを指す点に注意を要する。

際し，積極的にその定義や定量化手法を提案し国外からも高く評価されている(3)。

　Downingら（2014）によれば，イギリスFBの食料配布は2005年以来着実に増加し，イギリス2大FBの1つであるTrussell Trustでは，2013年4～9月だけでも35万人以上の人々が食料を受給したという。その背景として，世界的な食料価格の高騰，失業率の大幅な上昇，ソーシャルファンドの廃止，地方の福祉規定の導入，無期限給付金申請人の再評価，住宅給付支出の管理，新たな給付の導入，給付制度の多くの重要な変更など，さまざまな社会保障にかかわる環境変化が寄与している可能性を指摘した。その点においてMumfordら（2014）は，イギリスで食料支援を行う根拠が必要であるとし，エビデンスベースの効果的措置の合意が必要不可欠であると指摘しており，その普及メカニズムは明らかになっていない状況である。Wells, R. & Caraher, M.（2014）は，FB関連政策のプロセスに対する新聞報道の影響力を実証的に検証した。そこでは，放置されがちな受益者の声を取り上げることで市民運動を誘発し，それが再び新聞報道により増幅することでFBの成長要因が社会で共有され，その影響が政策に与える様子が示されている。山本ら（2017）によれば，日本の市民運動は「特定の思想運動に携わる」ものととらえられがちだが，イギリスではその主体の属性は問題ではなく「①メディアと巧みにタイアップ」し，受け手に対して「②分かりやすい施策やスローガン」をストーリーとして準備し，市民VS政府・大企業の構図ではなく「③政府・大企業が肯定的に受け止め改善可能な施策」のための「④予算を提供するスキームやサポートの枠組み」が存在している。しかし，このような市民運動は大規模小売業者の行動に大きな影響力を持つものの，そのFB普及に関する行動変化について直接言及された研究はみられない。

　そこで本稿では，WRAPとイギリスの市民運動の実態とFBの活動を時系列に把握しながら，大規模小売業者の行動変化が，その普及に与えた役割を

---

（3）Food Loss Waste Protocol（2016）参照。

分析することを目的とする。方法は，事前に質問表を送り半構造化された対面インタビュー方式により得られた情報を中心に分析する。インタビューは，2017年2月に渡英し，FB団体のFareShare, WARP, イギリス小売業協会（BRC：British Retail Consortium），環境ジャーナリストで市民運動家でもあるTristram Stuart氏に対し，各平均1時間以上実施した。さらにFBの倉庫での仕分け作業や小売店等における過剰食品の再販売，寄付募集の実態についても現地視察した。

## 第2節　生活困窮者とフードバンク活動

### 1）イギリスの社会保障制度と失業率

周知のとおり，イギリスでは1911年の国民保険法により社会保障制度が創設され，第二次世界大戦後も1944年の「ベヴァリッジ報告」にもとづき法整備が進められた。その結果，国民は「ゆりかごから墓場まで」の生活を保障され，イギリス特有の全国民が単一の制度に加入する所得保障制度のほか，国民保険サービス（NHS制度）によって無償で治療を受けられる医療制度まで整備されている。しかし表4-1のとおり，2005年にはイギリスの社会保障給付金の国民負担率（対国民所得比）は，アメリカや日本より大きいものの欧州諸国と比較すると同等かやや低い水準となっており，以前のような高水準な社会保障制度を維持できないリスクを孕んでいた。その中で，イギリスの失業率は図4-1のとおり2005年ごろは5％前後であったものが，「リーマンショック」以降8％前後へ大きく増加し，財源不足により社会保障制度

表4-1　国民負担率の国際比較（2005年）

|  | 日本 | イギリス | アメリカ | ドイツ | フランス | スウェーデン |
|---|---|---|---|---|---|---|
| 国民負担率(%) | 38.9% | 52.0% | 34.7% | 52.0% | 62.4% | 66.2% |
| 高齢化率 2006年 | 20.8% | 16.0% | 12.4% | 19.7% | 16.4% | 17.3% |

資料：厚生労働省（2013）。

第Ⅰ部　世界のフードバンクとその多様性

図4-1　イギリスの失業率推移（aged 16+）

資料：Downing, E., Kennedy, S.（2014）p.20 より，原典：ONS, Labour Market Statistics, March 2014。

を根本的に見直す必要に迫られた。その結果，2012年に福祉改革法が制定され，2013年以降はユニバーサル・クレジット制度による合理化が進んだ[4]。しかし，一部報道によると，FBから食品の提供を受ける理由の45％が「福祉制度の欠陥によるもの」と指摘され，社会的にも社会保障制度の後退を懸念する声が高まる結果となった。実際，支給まで長い待機期間があるなど，行政側の不慣れな運営体制のためFBに頼る困窮者が急増しているという指摘もある[5]。

---

（4）ユニバーサル・クレジットとは，イギリスにおいて，幅広い低所得者層で可処分所得が増加するよう，従来存在していた四つの社会保障給付と二つの税額控除を統合した制度である。星（2017）p.10によると，導入の理由を「同国では，社会保障制度が複雑で支給ミスが相次いだり，受益できる者が限定的である，就労による収入の増加分が受給者の手元にほとんど残らないなど，低所得者に対する従来政策の経済的メリットは小さかった」ためとしている。
（5）ビッグイシューオンライン（2014），Cooperら（2014）p.15を参照。一方で，Downingら（2014）pp.11-12によると，政府は福祉改革法と貧困との間に関係があるとの証拠はないとされている。

第4章 イギリス：フードバンク普及における大規模小売業者の役割

## 2）イギリスにおけるフードバンクの普及過程

イギリスでは，1994年にフェアシェア（FareShare，以下FS），そして2004年にトラッセル・トラスト（Trussell Trust，以下TT）という二大FBが設立された。先述のとおり失業率の上昇もあり，2016年時点での企業や個人から受けた食品寄付量は，**表4-2**のとおり前年比では両FBとも大幅に増加している。

**図4-2**はTTの利用者数の推移を示したものだが，2012年から2014年にかけて約3倍近くに急増している。これは，FSが卸売業者のような中間流通

表4-2 イギリスのフードバンクの概要（2016年）

| 団体名 | 設立時期 | 食品寄付量（前年比） | 特徴など |
|---|---|---|---|
| Fare Share | 1994年 | 13,552トン／年（149.4％） | 食品製造業，流通企業からの提供品を，慈善団体に配布 |
| Trussell Trust | 2004年 | 1,775トン／年（146.2％） | 3日分の緊急食品セットを提供 |
| Food Cycle | 2008年 | 25トン／年（－） | 大学などのキッチンで調理して提供 |

資料：Fare Share，Trussell Trust は Annual Report，Food Cycle はウェブサイトより
注：食品寄付量は FS，TT とも 2016.4－2017.3 の会計年度，Food Cycle は不明である。

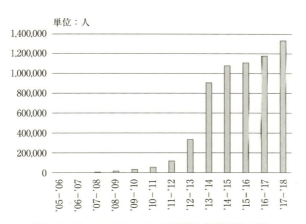

図4-2 Trussel Trust からの緊急食料受給人数

資料：Trussell Trust Annual Report 各年版より筆者作成（4月～3月期の会計年度の集計）

第Ⅰ部　世界のフードバンクとその多様性

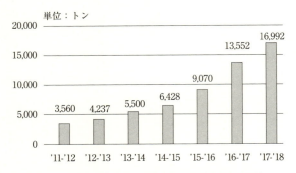

**図4-3　FareShareが受けた食品寄付量の推移**

資料：FareShare Annual Report 各年版より筆者作成（4月～3月期の会計年度の集計）

機能を重視するのに対し，TTは地域に根差して食品を直接受益者に渡す小規模なFB同士のネットワークを重視しているからである（2017年時点で427拠点）。TTのウェブサイトによれば，2012年4月に当時のキャメロン首相からEaster Celebrationへ招待されたことを契機にTTの認知度が高まり，全英でネットワークに参加する小規模FBが増加したという[6]。

また，FSも図4-3のとおり11/12年度から17/18年度の間に，食品取扱量は約4.8倍に増加している。その理由は，2012年からイギリス最大の小売企業TescoがFSとTTに対し全国規模で食品寄付を開始したからである。図4-3で示すFSの会計年度末の年（12～13年であれば13年）の食品取扱量と，後述の図4-8で示したTescoにおける各年の食品寄付量の間には，強い相関が認められる（r＝0.98192）。もちろんTescoはFS以外にも食品を寄付し，またFSもTescoだけでなくAsudaなどの他の大規模小売業者からも寄付を受け付けているため，直接的な因果関係を説明するには不十分だが，後述する

---

(6) Gardianウェブサイトによると，IFAN（independent food aid Network）の調査の結果，TTのネットワークに入らずに独立系として存在するFBが2017年時点で600以上あることが判明した。現在も調査中で，食品取扱量などの実態は不明な点が多いことから，本研究では分析の対象外とした。

第4章　イギリス：フードバンク普及における大規模小売業者の役割

Tescoを中心とする様々な普及プロジェクトを背景に，FSの寄付は大規模小売業者の動きと連動して取扱量を拡大している可能性が高い。

## 第3節　WRAPの機能と法整備

### 1）WRAPの活動と廃棄物政策の経緯

　WRAPは，イギリス政府により各種廃棄物マネジメントを一元的に推進する機関として2000年に設立された。組織形態は「登録チャリティ団体」かつ「保証有限会社（company limited by guarantee）」というイギリス独特の法人組織である[7]。特に重要な機能としては，廃棄物発生量の統計調査事業と，一般市民と企業や関連団体のコーディネート機能がある。後者は具体的には「Recycle Now」「Love Food, Hate Waste（以下LFHW）」「Love Clothes」等の分かりやすいスローガンを展開し，企業や地方自治体，地域団体，そして市民に対し，食品廃棄物のリサイクルや削減，FBによる食品の再流通の推進を支援している。渡辺（2018）は「政府の出資を受けているが，WRAP自身が規制の制定や執行を担う立場にあるわけではなく，第三者機関としてイギリス国内で廃棄物削減に関与する多様なパートナー（企業，貿易機関，地方自治体，各種団体，消費者など）の活動の調整役として機能している」と指摘している[8]。

---

（7）WRAPは，登録チャリティ団体番号（registered UK Charity）No.1159512，保証有限会社（company limited by guarantee in England & Wales）としてNo.4125764に登録されている組織である。ジェトロ（2015）p.7によると，保証有限会社（company limited by guarantee）は実際にはかなりまれで，通常は非営利活動のために設立され，株式資本はなく，構成員は株主ではない。その代わり，会社が清算される場合に弁済すべき会社債務にあらかじめ定められた金額を支出することを引き受けるもので構成されているという。なお本章では，政府によって設立されたことと，環境省，農務省，北アイルランド政府，ウエールズ政府，EUスコットランド廃棄物ゼロ運動（Zero Waste Scotland），からの出資を受け運営されていることから，政府系NPOという呼称を用いている。

第Ⅰ部　世界のフードバンクとその多様性

**表 4-3　EU・イギリスにおける法整備の状況と WRAP の活動**

|  |  |
|---|---|
| 1990 年 | 環境保護法（Environmental Protection Act 1990）制定 |
| 1996 年 | 廃棄物埋立税（Landfill Tax）を導入 |
| 1999 年 | EU で埋め立て処理の指針（EU Landfill Directive）を発表 |
| 2000 年 | イギリス政府により WRAP 設立 |
| 2005 年 | 「コートールド公約」（Courtauld Commitment）締結 |
| 2008 年 | 環境変動法（Climate Change Act）制定。環境改善の目標値を設定し再生可能エネルギーを促進する。 |
| 2010 年 | WRAP が食品廃棄物削減を推進 |
| 2010 年 | 流通取引に関する不公正取引規制（Groceries Supply Code of Practice：GSCOP）制定 |
| 2014 年 | スコットランドとウエールズ政府により食品廃棄規制規則（Scotland (& Wales) Food Waste Regulation）を制定 |
| 2015 年 | Social Action, Responsibility and Heroism Act 2015 を制定 |

資料：WRAP ウェブサイト，ヒアリング調査より筆者作成。

　イギリス政府の廃棄物政策は，**表4-3**のとおり1990年の環境保護法（Environmental Protection Act 1990）の制定が契機となり，その後の方針に大きな影響を与えている。同法により，廃棄物発生抑制対策の推進から，廃棄物の排出管理，埋立税の徴収まで多岐にわたる方針が決定し，1996年に廃棄物埋立税（Landfill Tax）の導入へと繋がった[9]。2000年のWRAP設立以前は，廃棄物に関するデータの詳細が不足し現場の行動指針が立てにくかったが，それ以降は戦略的施策を立案できるようになったという。

　2010年までWRAPの活動は，主にプラスチック，紙類，金属類のリサイクルに重点を置きつつ，有機性廃棄物については堆肥化と嫌気性発酵による処理が推進された。しかし，イギリスの都市近郊での埋立地が満杯となり，遠隔化するなかで廃棄物収集運搬コストが増加の一途をたどり，廃棄物を削減する必要に駆られたWRAPは2007年に家庭のごみ箱の内容物を分析する調査を行った。その結果，フードロスが全体の33％を占めていることが判明

---

（8）WRAPが作ったLFHW運動のフレームワークは，カナダやオーストラリアなど海外の政府機関とライセンス契約により国際的に広がっている。

（9）イギリスでは，日本を除く諸外国同様，廃棄物は焼却されず埋立処理されていたが，その費用は増加傾向にあった。そのため，それ以上に埋立税も増加させ，現在では埋立税は£82.6/トン（約12,000円/トン）と，焼却処理よりも高い水準に達した。

第4章　イギリス：フードバンク普及における大規模小売業者の役割

し，その削減が最重要課題とされた。WRAPによると，2007年のイギリスにおける食品廃棄物の発生量は1,600万トンだが，そのうち52％は家庭で発生している（図4-4）。その内，半分以上の食べ物と飲み物はまだ食べられる状態であるという。1世帯あたりのフードロス

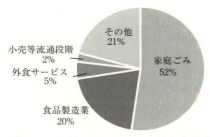

図4-4　イギリスにおける食品廃棄物発生割合（2007年）
資料：WRAP 内部資料。

の価値は平均470ポンドで，子供がいる家庭では700ポンドに増加する傾向も明らかとなった。現在は「大きな変化を生み出せる分野」として　WRAPはフードロス削減のほか，持続的な電力，持続的な繊維製品，資源廃棄物の4分野に注力している。

２）WRAPのフードロス削減活動

　WRAPの主なフードロス削減活動は，LFHWという「分かりやすいスローガン」による市民への啓発運動である。同時に農家から消費者までの食品サプライチェーン（FSC）の中で食品廃棄物を削減する活動を始めた。啓発運動では，WRAPは２つの消費者カテゴリを想定し実施している。１つは，既にフードロスに関心を持っている層で，研修会や料理教室，ウェブサイトで知識を深められるようにしている。他方のフードロス問題を知らない，あるいは無関心層に対しては，広告や市民運動により行動変化を訴求し，加えて小売業者からも顧客の買い物の習慣に影響を与える施策を講じた。それは，計画的な購入や家庭での緻密な在庫管理をすること，食べ残しを廃棄しないこと，適切な盛り付けをすること等を促進するものである。店内での売場改善も重視しており，「賞味期限の延長」「包材の改良」「ラベルの表変更」「プロモーション」等を実践している。WRAPではイギリスの家庭で廃棄して

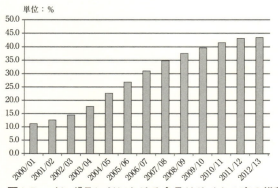

**図4-5　イングランドにおける食品リサイクル率の推移**

資料：WRAP 内部資料。

いるフードロスを100万トン減少させれば，温室効果ガスが400万トン削減されるとアピールしている。また，2025年までに家庭から排出される食品と飲料の廃棄量を20％削減させる「分かりやすい」数値目標を設定している。

　小売業者と製造業者の協業によるフードロス削減については，2005年のコートールド公約（**表4-3**）が重要である。公約のもと，包装とフードロスについての目標を達成するため，(1)廃棄量の測定，(2)包装の軽量化，(3)賞味期限の延長，(4)表示ラベルの改善（日付，保管方法，冷凍保存など），(5)無駄のない生産，(6)改善値の予測等を推進している。その結果，家庭系フードロスは17％，FSCでの事業系フードロスは10％減少したという。また，包装の合理化により$CO_2$が17％削減し，これは温室効果ガスの二酸化炭素換算（$CO_{2e}$）で800万トンに相当する。さらに，イングランドでは，コートールド・コミットメント・リサイクル（Courtauld Commitment Recycle）キャンペーンにより，食品リサイクル率が2000-2001年の10％台から2012-2013には40％台へ大きく増加した（**図4-5**）。WRAPは，このような取組がさらに海外へ波及すると考えている。

第4章　イギリス：フードバンク普及における大規模小売業者の役割

## 3）法整備とWRAPによる目標値設定

　後述する市民運動が政府に肯定的に受け止められ，2010年2月に「流通取引に関する不公正取引規制（Groceries Supply Code of practice：GSCOP）」が実施された。これは，事前告知のない契約変更の禁止，減耗・廃棄に対する費用補填の制限，小売業者の予測誤差によるサプライヤー損失の補償，特売価格での過剰発注の禁止などを定めるもので，違反するとその発注額の1％の罰金が課せられる。対象は売上高10億ポンド以上の指定小売業者に限定され，現在はAsda，Co-op，Marks & Spencer，Morrison Supermarkets，Sainsbury's，Tesco，Waitrose，Aldi，Iceland，Lidlであるが，条件が変更されれば随時再認定される。

　そして2012年には，このような法整備を前提に，WRAPに小売業者によるFBへの寄付を含む総合的なフードロス削減ワーキンググループを設置し，その普及を戦略的目標とした。イギリスでは，基本的にアメリカやフランス，日本のように食品寄付の評価額（卸値等の簿価）を損金算入できる税制ではないが，慈善組織へのVAT軽減・非課税措置がある。食品はもともとVAT非課税であることが多いが，菓子類やソフトドリンク，アイスクリームなど課税対象となる食品寄付は非課税となるだけでなく，小売店が寄付を募ったり，寄付したことに関する宣伝・広告費用の支払いも非課税となる。また，2015年2月にはSocial Action, Responsibility and Heroism Act 2015により，善意の第三者による行動が食中毒など好ましくない結果を引き起こした場合でも免責される。

　将来のフードロス削減目標値は，2025年までに食品と飲料のロスを20％削減，温室効果ガス（GHG）についても排出量20％削減と設定されている。このように，イギリスでは環境問題からフードロス問題を取り上げるようになったが，その契機は市民運動によるGSCOPであった。その後WRAPが策定したFood Waste hierarchyではFB活動（Redistribution）を飼料化（Animal Feeding）とともに発生防止策（Prevention）と位置づけ，最優先される発

83

第Ⅰ部　世界のフードバンクとその多様性

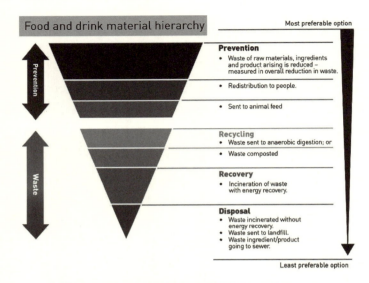

図4-6　イギリスにおける食品資源のヒエラルキー

資料：WRAP（2017）Estimates of Food Surplus and Waste Arisings in the UK.

生削減（Reduction）に次ぐ2番目のプライオリティとなっている（図4-6）[10]。

## 第4節　市民運動とフードバンクの推進

### 1）イギリスのFLW削減運動の概要

　GSCOPを契機としたWRAPによるフードロス削減の施策の背景には，環境ジャーナリストであるTristram Stuart氏（1977年ロンドン生まれ）を中心とした市民運動がある。同氏の著作は，世界各国語に翻訳されフードロス削減に関心を持つ人の必読書となっている（Stuart（2009））。

---

(10)イギリス議会は，大臣が環境庁とFood Waste hierarchyの議論をしていなかったことに失望し，その実施が強制されていないという報告に懸念を抱いていることを表明している（2017年4月26日の投稿）。

第4章　イギリス：フードバンク普及における大規模小売業者の役割

　また，彼は各種メディアを通じて「食と環境とフリーガニズム」，すなわち無駄を排し，消費社会への警鐘を鳴らす活動について，情報発信と啓蒙活動を行う市民運動家でもある。2009年12月には，ロンドンのトラファルガー広場で5,000人の人達に廃棄寸前の食品・野菜を用いてカレー，スムージーなどを調理して提供する「5,000人に食べ物を（Feeding the 5000）」という市民運動を始めた。この活動は，フードロス削減を目的とする新たな環境問題解決のための組織「フィードバック（Feedback）」の設立に繋がり，その活動は世界中に拡がっている。

　イギリスの市民運動家は，日本の「特定の思想運動家」とは異なり「倫理的観点から企業や政府を監視し」「消費者に情報を提供し，当該企業への不買運動や政府への抗議といった直接的・間接的な行動を促す」際に重要な役割を果たす[11]。特に，廃棄物問題においては，その事実の公表を嫌がる企業に対し，綿密な実査に基づく告発型の問題提起をすることが多い。

## 2) 市民運動の手法

　同氏は，2012年TED Talksの講演で次のように述べている。「ほとんどの国では，国民が必要としている以上の食品が生産されている。国が豊かになるにつれてその差は大きくなり，ヨーロッパやアメリカでは，（必要量の）1.5倍から2倍もの食品が生産され，FSCの中でどんどん廃棄されている。小麦など人間が食べられるにもかかわらず直接畜産飼料に使われている食料品も含むと，人間が必要としている食べ物の量の3〜4倍もの食品が

図4-7　TED Talks「THE GLOBAL FOOD WASTE SCANDAL」

資料：TED Talksウェブサイト（https://www.ted.com/talks/tristram_stuart_the_global_food_waste_scandal）

---

(11) 山本ほか（2017）参照。同論文ではイギリスの市民運動家のことを「キャンペイナー」と別称を用いている。

現在生産されている。2050年には地球の人口は90億人を超えて，これまでの食料品の生産と供給の仕組みでは地球は破滅する」。

　このように，同氏は生産と消費の現場で何が起こっているのか，何が隠されているのかを見つけて問題の本質を深掘りし，具体的に運動を盛り上げていく手法を採っている。

　また同氏は，FAOやWRAPから受ける公的資金だけでなく，ナショナルジオグラフィック協会の新進支援研究者としての研究費や，非営利団体であるFeedbackの事業収入など民間資金も含めた活動資金を調達している。2016年2月の同氏へのインタビューでは，「FSCの各段階のなかで，スーパーマーケット（SM）の廃棄量は相対的に少ないが，社会的に大きな影響力を持っているため，廃棄物発生量の公表だけで責任を免れようとしていることに警鐘を鳴らしている」とその活動方針を述べている。同氏はFAO（2011）の調査にも参加しているが，アメリカのプレゼンテーションイベント『TED』や『ナショナルジオグラフィック』[12]などのメジャーなメディアを通じて「彼ら（SM）に恥をかかせるような事実を公表し，態度を変えさせる手法を採ったところ，Tescoに対しては大きな成果があった」と認めた。具体的には「Tescoは，2017年中に店頭で発生する全てのまだ食べられるが販売できない食品を，全て福祉団体に寄付することを約束した。そこに至るまで，何度もTescoに『恥をかかせる』ための事実を明らかにするため，例えば，それまで行われていた店頭で販売される野菜や果物の外観，すなわち見た目が良いものだけを販売する基準について問題提起してきた。その結果，今では外観が良くなくても中味は問題ない野菜や果物も販売されるようになった」という。また，「政府に圧力をかけた結果，前述したとおり2010年にGSCOPが制定された」。さらに，「より効果的に運動を進めるためにLFHWでWRAPとSMが協力することに合意した」際も同氏の運動は重要であったとみられる。

---

(12) ロイト（2014），TED Talksウェブサイト参照。

但し，これまで消費者からフードロスが問題提起されたことはなく，政府が「ゴミ削減キャンペーン」を実施すると，市民から批判されるという課題があった。そこで同氏は，先述したWRAPにより設定された目標数値に歩調を合わせ，キャンペーンによる指導や，「官民連携」による啓蒙の手法を実践した。その結果，Tsecoが他社に率先して取り組みやすい環境を整えることに繋がったと説明している。

## 第5節　大手小売業者のフードロス対策と食品寄付

### 1）Tescoのフードロスマネジメント

　以上のとおり法整備やWRAPの活動，そして市民運動による世論の高まりを受け，Tescoは「農場から食卓まで（Tackling food waste from farm to fork）」をスローガンに，FSC各段階の関係者と協力してフードロス削減に取り組んでいる。そこではFBとの協力関係を強化し，国民の生活格差解消を目指し，生活困窮者への支援体制も整え，SDGs 12.3の目標達成に向けた業界でのリーダーシップを発揮している。同社は2012年以降，先述の年次事業報告書やウェブサイトで，国内店舗での廃棄物の発生状況や，その削減状況について具体的な定量データを明らかにしている。その後，各小売業がWRAPに報告してまとめたデータがBRC（British Retail Consortium：イギリス小売業協会）に提供される仕組みが構築され，BRCから小売業全体の廃棄発生量が公表されるようになった。現在BRCは，1992年に創設されたイギリスの小売業界の業界団体で，小規模の小売店から大規模小売チェーン，デパートまでが加盟し，イギリスの小売流通量の80％をカバーしている。また，TESCOのデイブ・ルイス社長が委員長を務めているフードロス削減に取り組む業界団体「チャンピオン12.3連合（Champions 12.3 Coalition）」は，食品業界として2030年までに一人当たりの食品廃棄物を半減させるSDGs12.3の目標達成に向けて動きを加速させている。

　BRCへのヒアリングによると，ここ5年ほど前から市民のフードロスへ

の関心が高まっており，小売業全体でのフードロス発生量を知りたいという要望が多くなってきたという。しかしBRCによると，セインズベリーの調査では，FSCで発生する廃棄量のうち小売業段階の発生割合は2.4％に過ぎず，全体の75％は家庭から発生しているという。また，フランスでも食品廃棄の50％が家庭から発生し，小売業からは5～10％程度と少ない。但し，消費者にとって身近なスーパーマーケットに市民の関心が向いているため，どのような対策をとるのかという点にどうしても注目が集まってしまうという。以下では，このようなTescoの取り組みから，イギリス小売業界のフードロス対策を概観し，FB普及における大規模小売業者としてのTescoの活動とその役割を明らかにする。

同社では，2017年度末までにまだ食べられる食品の廃棄量をゼロにするコミットメントを発表したが，フードロス削減計画を具体的に実行するためには，その根本的な発生原因を明らかにする必要があった。そこで，カテゴリ別のフードロス発生量を調査し，2012年より毎年調査結果を発表することにした。その後，年々増加する余剰食品の分析と対策を講じてきた。その結果，まだ食べられるフードロスを，2017年末までにはゼロにできる見通しとなった。

同社のイギリス国内事業において，2016年度には全食品取扱量の0.5％が廃棄された。これは小さな数字に見えるかもしれないが，46,684トンに達する。そのうち38,696トンが可食部であり，そのうちの5,700トンはFBや福祉団体に提供された（表4-4）。また16,605トンが家畜飼料となり，16,391トンが堆肥化された（表4-5）。

しかし，可食部の発生を抑制するTescoの目標達成のためには，この堆肥化をゼロにしなければならないとしている。同社で発生した余剰食品を処理する際，食べても問題ない食品の寄付先であるFBを探すことが最優先される。その結果，食品寄付実績は，2015年度の2,303トンから2016年度の5,700トンへと247％倍増し，2017年度の寄付の量も7,975トンと増加基調にある（図4-8）。Tescoは，将来にわたって食品小売業者が社会から認められる存在で

第4章　イギリス：フードバンク普及における大規模小売業者の役割

**表4-4　Tescoの食品販売量と余剰になった食品の量（2016年度）**

| 食品販売量 | 余剰食品の量 | 構成比 | 廃棄量 | 廃棄率 |
|---|---|---|---|---|
| 9,957,374トン | 71,178トン | 0.7% | 46,684 | 0.5% |

資料：Tesco PLC Strategic Report 2017 p.25 より作成。

**表4-5　余剰食品の内訳**

単位：トン

| | |
|---|---|
| 可食部合計 | 38,696 |
| 　寄付 | 5,700 |
| 　飼料 | 16,605 |
| 　堆肥と代替エネルギー | 16,391 |
| 不可食部 | 32,482 |
| 　損傷 | 25,109 |
| 　寄付には不適な商品 | 7,373 |
| 合計（余剰食品の量） | 71,178 |

資料：Tesco PLC Strategic Report 2017 p.25 より作成。

単位：トン

| 年度 | 量 |
|---|---|
| 2013 | 263 |
| 2014 | 1,383 |
| 2015 | 2,303 |
| 2016 | 5,700 |
| 2017 | 7,975 |

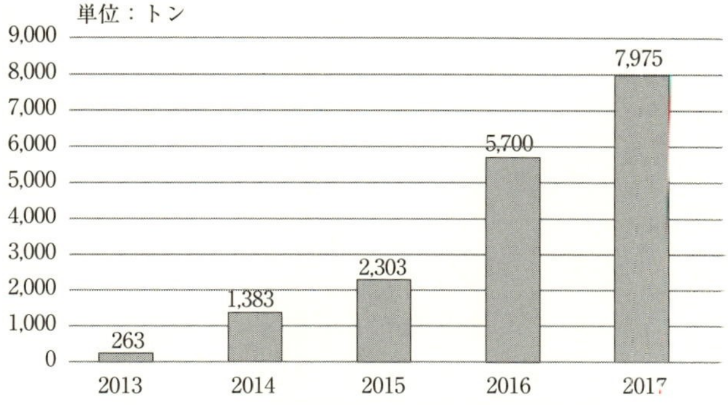

**図4-8　Tescoによる食品寄付量の年度推移**

資料：Tesco PLC Strategic Report 2017，2018年版より作成。

あり続けるため，地球環境問題，地域の生活困窮者への取り組みが重要な課題になると考えている。そのために必要な投資は惜しまない方針であり，4大小売企業（Tesco，Asda，Co-op，Sainsbury's）は，相互に良好な関係を保ちながら，共同キャンペーンを行うこともある。一方でTescoは，FSや他のFBと共に以下の3つの活動を独自展開している。

## 2) Company Shopへの寄付

　カンパニーショップ（以下，CS）は，Tescoの配送センターや，食品メーカーで発生した販売不能品，傷みやすくFBへの提供ができないパン・ケーキ等，賞味期限の有効日数がわずかの食品，青果物，冷蔵・冷凍品などの寄付食品を通常の小売価格から7～8割引で販売するディスカウントストアである。CSの店舗は，ロンドンから北方の地域に5カ所あるほか，都市に住む困窮者が利用する市街地内の小型店舗（Community Shop）もロンドンとその近郊に4か所展開している。工業団地に立地し倉庫などを活用した店舗で，目立たない看板があるだけで外観からは小売店には見えない。CSの売り上げに応じてFSへ寄付金が提供されるスキームであり，2016年は73.2万ポンド（約1.1億円）に達した。

　CSが成功した理由は，会員制度を採用することで来店者によるネガティブイメージの拡散を防ぎ，商品のブランド価値が下がらないようにしたためである。会員資格は，食品製造業者の社員または退職者，消防署，警察，医療を担当するNHS（国民保険サービス）部門など公共分野で働く消費者に限られている。そのため，FBでは活用し難い賞味期限切れ直前の食品や，冷蔵・冷凍品なども扱うことが可能となった。CSは，FSCのフードロス削減に貢献する点でも重要な役割を果たしている。発足以来40年近く経ち，最

図4-9　Company Shopの外観と店内

資料：筆者撮影。

第4章　イギリス：フードバンク普及における大規模小売業者の役割

近は環境問題や福祉の面からも注目され，2015年には実業界での最高の栄誉である「企業への女王表彰（The Queen's Award for Enterprise）」を受賞している。

### 3）Neighborhood Food Collectionの実施

Neighborhood Food Collectionは，Tesco，FS，TTとの共同事業である。Tescoの全国600以上の店舗で回収コーナーが常設され，FSとTTが希望する食品を入店客が購入した後に，寄付するよう呼びかけるものである。2016年12月に，Tescoの全店舗で3日間行われたキャンペーンでは340万個の食品を集め，開始した2012年以来累計4,600万個に達した。Tescoは受け取った食品をFSとTTに渡し，TTは受益者に手渡す食品の詰め合わせに使うという。2015年は合計6,723の団体が，2,860万食相当分の食品を受け取り，一食当たり約120円とすると2,240万ポンド（約33.8億円）に達した。

Tesco店内の掲示板やチラシに記載されている，FSとTTが希望する寄付食品リストを買い物客が確認し，その中から自分が寄付したい食品を購入して店舗の回収コーナーに入れるだけである。両FBが希望する品目は，缶詰，パスタソース，インスタントコーヒー，ロングライフミルクあるいは粉ミルク，ロングライフ果物ジュース，缶入りプディング，ジャム，インスタントマッシュポテト，などであるという。

**図4-10　Neighborhood Food Collection のロゴマークと回収コーナー**
資料：Tesco ウェブサイト（左），筆者撮影（右）。

Tescoは、このキャンペーンにおける寄付食品の売り上げからは利益を出していない。関わった社員の人件費やマーケティング費用（VAT非課税）を負担し、"20% Top Up"というスローガンのもと、寄付食品分の売上金額の約20%を両FBに現金で寄付しているからである。寄付金は、FSでは自社の流通設備に投資され、TTでは全国ネットワークに加盟するFBに再分配される[13]。

### 4）FareShare Foodcloudの導入

FareShare Foodcloud（以下、FSFC）は、2016年から始まったTescoとFSとの共同事業である。これまでの寄付は、すべてTescoの配送センターで発生した余剰食品であった。しかしFSFCは、各店舗で発生した余剰食品を、店舗近隣の福祉団体がスマートフォンアプリで予約し、決まった時間に店舗まで取りに行くシステムである（図4-11）。店舗が所在する近隣の地域団体

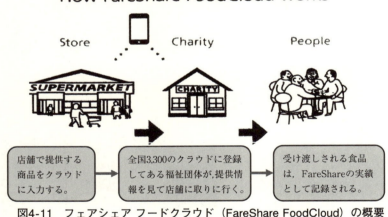

**図4-11 フェアシェア フードクラウド（FareShare FoodCloud）の概要**

資料：FareShare Annual Report 2016 p.8より作成。

---

(13) なおTescoでは、顧客が寄付した食品の重量のみを計測している。売上20%相当の寄付金額の算定には、寄付食品の平均販売価格を1.68ポンド/kgと推定し、寄付食品の総重量に20%を乗じて寄付金額を決定している。

が対象となることから、果物、野菜、パン、冷蔵品など傷みやすい食品も寄付しやすくなった。2016年のFS全体の取扱量のうち、約2,000トンがFSFCによるものである。

FSは、FSFCによって取扱量が増えただけでなく、取扱量をベースにした運営費をTescoから徴収している。その金額は2016年には79.7万ポンド（約1.2億円）に達し、提供された食品1kg当たり約60円に相当する金額となった。

## 第6節　小括

以上のとおり、FBの急速な拡大には、大規模小売業者のキャンペーンや食品寄付だけでなく、TescoによるCSなどの取り組みによる寄付金やFSFCの運営費拠出によりFB普及が促進されたことが示唆された。

その背景には、イギリスでは、リーマンショック等を経て福祉政策が合理化され、その混乱により生活困窮者が増加したなかで、フードロス削減という環境問題への関心が高まったことがある。現在では、このような大規模小売業者の行動変化を契機に、アクション・ハンガー（Action Hunger）という慈善団体が、イングランド中部ノッティンガムに、ホームレスの人々が日常生活で必要とする水や栄養補助食品、靴下、生理用品を無料で得られる自動販売機を設置するなど、さまざまな寄付活動へ波及している[14]。イギリスでは、フランスの「食品廃棄禁止法」のような直接的な廃棄規制や寄付義務[15]ではなく、周辺の法整備とWRAPを通じた公的な目標値の設定にとどめ、関連事業者が自主的に行動するようキャンペーンを繰り返すというプロセスに特徴がある。特にWRAPの活動に対応するStuart氏による市民運動は、表4-6のとおり、特に大規模小売業者の食品寄付や現金寄付の取り組みを活性化させ、フードバンク普及における重要な役割を担っていた。強制力はな

---

(14) Livedoor NEWS（2017）参照。
(15) フランスフードバンクについては佐藤（2018）を参照。

**表 4-6　フードバンク普及に関わる市民運動によるフードロス削減活動**

| 1. メディアとのタイアップ | Stuart（2009），FAO（2011），TED，ナショナルジオグラフィック等 |
|---|---|
| 2. 分かりやすいスローガン | WRAP主催のLove Food, Hate Wasteへの参画 |
| 3. 政府が肯定的に受け止める施策 | GSCOPの制定 |
| 4. 予算を提供するスキームやサポートの枠組み | ナショナル ジオグラフィック協会のエマージング・エクスプローラー（新進支援研究者） |

資料：筆者作成

いが，WRAPによる目標設定というトップダウンの官僚的手法と，Stuart氏によるボトムアップの市民運動が連携した結果として，Tescoのような大規模流通業者が寄付を決定し，FBの普及が加速したのである。

なお，WRAPやStuart氏の活動資金の予算規模などについては十分な情報が得られておらず，それらの分析に基づく定量的な普及メカニズムについては今後の研究課題となる。また，Tesco等企業における寄付行動の分析についても学際的なフレームワークが必要となることから稿を改めて論じたい。

**【参考文献】**

［1］Cooper, N., Purcell, S., and Jackson, R.（2014）*Below the breadline -The Relentless Rise of Food Poverty in Britain*, , Church Action on Poverty.

［2］Downing, E., Kennedy, S.（2014）*Food Banks and Food Poverty*, Commons Briefing papers SN06657, House of Commons Library（失業率の原典は，ONS, Labour Market Statistics, March 2014）

［3］FAO（2011）*Global food losses and food waste*, Study conducted for the International Congress SAVE FOOD! Interpack

［4］Fare Share Annual Report　各年版

［5］Livedoor NEWS（2017）「ホームレス専用自販機，英慈善団体が設置　無料で必需品提供」(http://news.livedoor.com/article/detail/14058906/)

［6］Mumford, H. L., Dowler, E.（2014）*Rising use of "food aid" in the United Kingdom*, British Food Journal, Vol.116, Issue 09, pp.1418-1425

［7］Stuart, T.（2009）*Waste-uncovering the global food scandal*. Penguin Books: London（トリストラム・スチュアート（中村友訳）『世界の食料ムダ捨て事情』NHK出版，2010）

［8］Tesco（2017）*Tesco PLC Strategic Report 2017*, pp.23-24

［9］Wells, R. & Caraher, M.（2014）*UK print media coverage of the food bank phenomenon: From food welfare to food charity?* British Food Journal, 116(9), pp.1426-1445.
［10］WRAP internal document（2017）*Food waste prevention in the UK - the first 10 years.* 24 February
［11］Food Loss Waste Protocol（2016）*Food Loss and Waste Accounting and Reporting Standard VERSION 1.0*, World Resource Institute
［12］厚生労働省（2013）「厚生労働施策の概要と最近の動向（英国）」『2011-2012年海外情勢報告』（http://www.mhlw.go.jp/wp/hakusyo/kaigai/13/）
［13］厚生労働省（2017）「生活保護制度の現状について」
［14］国立国会図書館社会労働調査室・課（2013）「諸外国の公的扶助制度」調査と情報－ISSUE BRIEF－, No.789（http://dl.ndl.go.jp/view/download/digidepo_8206063_po_0789.pdf?contentNo＝1）
［15］佐藤順子編著（2018）『フードバンク』明石書店
［16］ジェトロ（2015）『英国における企業設立について』日本貿易振興機構.
［17］ビッグイシューオンライン（2014）「イギリスのフードバンク：国家の恥」（http://bigissue-online.jp/archives/1004610509.html）
［18］星貴子（2017）「低所得者の就労を阻害する制度の歪に関する考察」Research Focus, 日本総研, No.2017-023（https://www.jri.co.jp/MediaLibrary/file/report/researchfocus/pdf/10142.pdf）
［19］渡辺達朗（2018）「食品ロス削減に関するフランスとイギリスにおける取り組み―日本への示唆の観点から―」『専修ビジネス・レビュー』, 13(1), pp.1-11
［20］山本謙治・小林国之・坂下明彦（2017）「イギリスの倫理的消費の社会化過程におけるキャンペイナーの役割」『農業経済研究』88(4), pp.461-466
［21］エリザベス・ロイト（2014）「捨てられる食べ物」『ナショナルジオグラフィック日本版』

【参考ウェブサイト】
［1］Feedback（https://feedbackglobal.org/about-us/）
［2］Tesco（https://www.tesco.com/groceries/en-GB/）
［3］Gardian（https://www.theguardian.com/society/2017/may/29/report-reveals-scale-of-food-bank-use-in-the-uk-ifan）
［4］IFAN（http://www.foodaidnetwork.org.uk/）
［5］TED Talks（https://www.ted.com/）
［6］UK Parliament（https://publications.parliament.uk/pa/cm201617/cmselect/cmenvfru/429/42905.htm）

（小林富雄・本岡俊郎）

# 第5章

# オーストラリア：産業化するフードバンクの分析

## 第1節　課題と方法

　本章では，序章で紹介したTarasukら（2005），Horstら（2014），Riches（2018）で示されたFBの拡大に対するネガティブな側面を検証するため，オーストラリアのFBを取り上げる。1994年に誕生したオーストラリアFBは，2017年の人口一人当たりの食品取扱量（QFD: Quantity of Food Donation）が，アメリカ（4.23kg/人年），フランス（3.23kg/人年）に次ぐ2.23kg/人年に達し，韓国の1.99kg/人年を凌駕している[1]。序章でも紹介したように，Boothら（2014）は，このように大規模化するオーストラリアFBに対し，貧困や格差に対する「疑問，議論，そして構造的な変化を逸らすことで，新自由主義のメカニズム（neo-liberal mechanism）を維持」するFB産業（Food banking industry）と批判した。しかし，「FB産業」の定義が明確でなく，また一部のFBしか取り上げていないためオーストラリア全体の分析としては課題が残されている。本章では，このように批判的に取り上げられたFoodbank Australia（以下，FBA）に加え，Oz Harvest（以下，OzH）にも対象を広げ，両者のケーススタディを中心にその産業化（Industrialization）という批判に対するFBのあり方を論じ，食料支援を含めた食品産業の展望を示すこと

---

[1] オーストラリアはFBAウェブサイト（2018年12月閲覧），Oz Harvest 2017 Annual Report (p.12), Second bite Annual Report 2015/2016 (p.3), Fare Share Annual Report 2017 (p.7)年次報告書の合計値より算出した。その他の国は第一章参照。

を目的とする。

　産業という用語は，経済活動における文脈で使用される場合，「生活に必要な物的財貨および用役を生産する活動」[2]と定義される。従って，産業化とは「産業ではない活動が先述の定義に当てはまるようになる」ということに他ならない。具体例をあげると，農業の産業化という場合「企業が中心となり，契約農業や産地化を通じて農民や関連組織（地方政府，農民専業合作組織，仲買人など）をインテグレートすることで，農業の生産・加工・流通の一貫体系の構築を推進し，農産品の市場競争力の強化と農業利益の最大化を図ると同時に，農業・農村の振興や農民の経済的厚生向上を目指すもの」[3]とされ，国民所得に直結する営利活動を優先することが示唆される[4]。農業6次産業化の文脈でも「農業者が，食品加工（第2次産業）や流通・販売（第3次産業）にも関わることによって，加工賃・流通マージン等の付加価値を得ようとするもの」[5]とされ，既存の産業との結びつきにより経済厚生が向上する点が強調されている。Boothら（2014）は，先述のとおり新自由主義により擁護される大企業とFBとのインテグレートを批判しており，既存の産業と結びつくことは産業化プロセスの重要なファクターと位置づけられている。以上より，本章では産業化を「①非営利団体が営利団体と結びつくことにより，②経済的付加価値を生み出す営利活動が優先されること」と定義する[6]。

　データは，行政機関のNew South Wales Environmental Protection

---

(2) 松村明監修（2008）大辞泉増補新装版，小学館による。
(3) 寳劔・佐藤（2009）p.4参照。
(4) 周知のとおり，A.C.ピグーは経済厚生について社会を構成する各個人の効用の総和であるとしながら，それを直接的に把握し得ないため，それに対応するものとして国民所得を定義した。
(5) 空閑（2011）p.3参照。
(6) なお，開発経済学では第一次産業中心だった状態から第二次産業中心の産業構造大幅な転換」あるいは「工業化」を指すこともある。産業構造の転換については，宮川（1996）pp.76-79参照。

第5章　オーストラリア：産業化するフードバンクの分析

Agency（NSW[7] EPA），FBA NSW&ACT支部（以下，FBA NSW）への取材とデータ入手，そして数値化が難しい質的情報の取得が必要なOzHに対しては，CEO，ロジスティクス担当，食育担当，栄養指導の各責任者に取材を試みた。それぞれ事前に質問表を送り，2018年11月14～16日にシドニーを訪問して，半構造化されたデプスインタビューを平均1時間以上実施した。また，OzHの寄付食品を回収するトラックに同乗して回収方法や食品の内容物を直接確認した。さらに，FBAでは物流センターの運営状況を視察した。聞き漏らし等は帰国後にE-mailで確認した。文献調査のほかWebや新聞記事などのgray literatureも併用した。

## 第2節　オーストラリアの概況

### 1）オーストラリアの貧困

United Nations（2015）によると，オーストラリアの人口は2,397万人と，日本の約5分の1である。OECDの2012年データによると，オーストラリアの相対的貧困率（Poverty rate）は12.8％であり，日本の16.1％に比べて低い。またOECDによると，2016年のオーストラリアにおける高齢や失業による低所得者向け給付などを合計した社会支出（Social Spending）も，GDP比で19.1％と日本の23.1％より低い。

FBA（2018）[8]によると，国民の18％にあたる400万人以上が2017年の12カ月間で食料不安を経験（前年は15％）し，地方都市や遠隔地に限定する

---

（7）本章では，オーストラリアの地域名称について，次の略称を用いた。クイーンズランド州：QLD，ニューサウスウェールズ州：NSW，ヴィクトリア州：Vic，南オーストラリア州：SA，西オーストラリア州：WA，タスマニア州：TAS，ノーザンテリトリー：NT，オーストラリア首都特別地域：ACT。
（8）同調査報告書は，FBAの内部データをコンサルティング会社であるMcCrindleが分析し，視覚化（infographics）されている。後述する"Very low food security"の定義については，USDA（2012）Food Security Survey Moduleに従っている。詳細はそちらを参照されたい。

と33％に達した。その不安を経験した国民のうち，76％は「非常に低い食料保障状態（very low food security）」にある。また30％は，食料を買えないのは低賃金や年金暮らしのためであり，58％は家計所得の20％以上を食料に費やしているという。さらに，少なくとも週に１回は，食事を少なくする（56％）か，１回は欠食（54％）するか，１日中何も食べない（26％）ことがある。報告書では，欠食は，疲れや眠気の原因となりメンタルヘルスに支障を来たすことから，食料支援（Food Relief）は生活の質（QOL）の向上に有意な差をもたらすと結論付けている。

### ２）オーストラリアの食品廃棄物発生状況と政策

オーストラリア政府では，国連SDGsの方針にならい2030年までに食品廃棄物の発生を半減させる目標を立てており，それに伴いコンポスト化やドギーバッグ（食べ残しの持ち帰り），そしてFB推進のための施策を講じている。Australian Government（2017）によると，食品廃棄物による経済損失は200億ドル/年に達し，生産されたすべての野菜のうち最大25％が産地廃棄されていると試算されている。ニンジンに限れば，産地廃棄は31％に達し，6,000万ドルの費用に相当するという。農家段階での産地廃棄[9]は，2.84億ドルとも試算され，農家を含むフードサプライチェーン（以下，FSC）における廃棄物対策の対象として明確に位置付けられている[10]。一般家庭（世帯）でも食品廃棄物は310万トン/年発生し，「17,000台の747（ジャンボジェット）分に相当する」とその量的インパクトを強調している。経済損失についても，2,200～3,800ドル/年・世帯と具体的な金額が示されている。そして事業系についても，220万トン/年の食品廃棄物が，流通・製造部門から発生し処理費

---

（９）農家での発生は①Primary productionと表記されている。それ以外に②加工・製造，③輸送，④販売，⑤外食・給食，⑥家庭の６段階に区分され施策が進んでいる。
（10）日本では，農業部門の産地廃棄は，食品リサイクル法の対象から除外され，発生量統計も整備されていない状態である。

第5章　オーストラリア：産業化するフードバンクの分析

用増加により利益を圧迫しているとして，廃棄物対策が経営面に貢献することを強調している[11]。

### 3）オーストラリアのフードバンクと研究対象の選定

現在，オーストラリアの主要なFBは国内に4団体存在する。QFDは，FBAが3.7万トン，Second Bite（以下，SB）1.0万トン，OzH0.6万トン，そしてFareShare（以下，FS）0.1万トンである[12]。これらの総量は約5万トンと韓国の半分程度だが，人口が少ないためQFDは韓国より高い。先述の通り，アメリカやフランスよりも遅れて活動が開始されたにも関わらず，また韓国のような公的部門の政策誘導もないなかで急速にQFDを伸ばしたことは特筆すべきである。しかし，このような状況に鑑みBoothら（2014）は「よく組織化されたフードバンク産業」と批判している。

以下では，まず2015年12月に6,500$m^2$の物流センターを開設したNSW&ACT支部を中心としながら，オーストラリアFB最大のFBAのケーススタディを実施する。続いて「食品の提供だけでは貧困問題は解決しない」という方針のもと，教育など活動の多角化をバランスよく進めるOzHも取り上げる。なお，ケーススタディで明らかにするように，両者はともに「①営利団体との結びつき」は強いものとみられる。

---

(11) NSW EPAでは，国の補助金でコンサルタントを雇い，外食のフードロス測定，在庫管理やメニュー改善，ドギーバッグ（食べ残しの持ち帰り）導入などを実施し，費用削減のベストプラクティスが広まっている。インタビューでもアクションプランを実施する際「お金を捨てている」と指摘することが重要だという。

(12) ソースは脚注（1）と同様。SBのみ2016年で，その他は2017年半ばのデータである。

## 第3節　ケーススタディ

### 1）FOOD BANK Australia

#### （1）概要

　FBAは，オーストラリア初のフードバンクとして，1994年に元ホープ・ホーク首相の妻によってメルボルンに設立された。先述したとおりオーストラリア最大のQFDを誇り，国内FBの7割程度のシェアがあり，全国的に運営され包括的な唯一のフードチャリティ機関である。シドニー本部のほか，首都やシドニーを管轄するNSW&ACTを中心に国内を7つのエリアに支部がある。

　多国籍企業から小規模なローカル事業に至るまで全国のドナー700社から食品寄付を受けている。2017年は国内で2,600以上の福祉団体を通じて71万人へ食品寄付を実施した。毎月550万食以上を配布している計算になるが，それでも食糧援助が必要な人は増加しており，食事配布料は増加傾向にあるものの，そのニーズを満たすためには現在の寄付量では全地域で不足しているという（**下表**）。

**表5-1　FBAの州別食品寄付とニーズの動向（2017年）**

|  | QLD | NSW&ACT | Vic | SA | WA | TAS | NT | Total |
|---|---|---|---|---|---|---|---|---|
| 配布した福祉団体数 | 281 | 518 | 459 | 551 | 481 | 213 | 134 | 2,637 |
| 食事の配布数（月ベース） | 1,900,000 | 1,700,000 | 945,000 | 387,000 | 508,000 | 65,000 | 31,000 | 5,536,000 |
| 食糧援助が必要な人が増加した団体数（前年比：%） | 51% | 48% | 57% | 51% | 39% | 58% | 40% | ― |
| ニーズを満たすために不足している食料の量（現在比：%） | 37% | 34% | 35% | 28% | 28% | 37% | 87% | ― |

資料：FBA（2018）年次報告書

#### （2）運営資金

　Booth and Whelan（2014）によれば，運営資金となる2011/2012年の総収入については**表5-2**のとおりであった。項目別収入の特徴は，全国の全収入

第5章　オーストラリア：産業化するフードバンクの分析

表5-2　2011/2012（FY）における FBA の総収入（上：州別、下：項目別）

単位：A＄

| | QLD | NSW & ACT | VIC | SA | WA | Total |
|---|---|---|---|---|---|---|
| 総収入 | 2,761,521 | 2,652,540 | 3,462,010 | 2,029,930 | 8,844,185 | 19,750,186 |
| シェア | 14.0% | 13.4% | 17.5% | 10.3% | 44.8% | 100.0% |

| | Handling fees | Government funding | Donations | Other | Total |
|---|---|---|---|---|---|
| 総収入 | 7,133,784 | 4,105,299 | 7,370,897 | 1,140,206 | 19,750,186 |
| シェア | 36.1% | 20.8% | 37.3% | 5.8% | 100.0% |

資料：Booth and Whelan（2014）
注：1）元データは、2013年2月のFBA担当者からのメール返信による。
　　2）TASとNT、また全国を統括するFBA本部はカウントされていない。
　　3）購入または販売した食品による収入は除外している。

　約2,000万ドルの36.1％を輸送料の徴収（Handling Fee）が占めていることである。政府補助金も20.8％と少なくないが、年度によって大きく増減するという。地域別に見ると、WAが44.8％と突出している。これは、遠隔地であるため輸送費が多くかかることや、後述するように教育プログラムが充実させるために公的資金を得たり、Donationイベントである「ファンドレイジング」のための有名アーティストを招いたイベントなどを成功させたからである[13]。

　FBAの全国での会計報告書は公表されていないが、下表の通り2017年の各州単位の報告書により、その後の傾向を知ることができる[14]。主要な州

表5-3　2016/2017（FY）の FBA の項目別総収入

単位：A＄

| Funds | NSW | WA | Vic | TTL | Share |
|---|---|---|---|---|---|
| Handling fees | 4,176,765 | 3,482,965 | 1,227,281 | 8,887,011 | 41.6% |
| Government funding | 1,593,714 | 2,332,293 | 5,314,632 | 9,240,639 | 43.2% |
| Total donations | 973,195 | 1,471,415 | 810,924 | 3,255,534 | 15.2% |
| Other | 44,772 | 337,850 | 122,911 | 505,533 | 2.4% |
| Total | 6,743,674 | 7,286,673 | 7,352,837 | 21,383,184 | 100.0% |

資料：各州FBAの年次報告書より筆者作成（2017）

(13) FBA WAの年次報告書によると、2013/2014年決算の総収入額は前年比908.5％の324万ドル、翌2014/2015年は前年比257.0％の832万ドルと大幅に増加した。著名なロックミュージシャンであるブルース・スプリングスティーンもチャリティコンサートを開催したという。
(14) 但し、各州で集計方法が異なっており内訳を完全に揃えることが難しかったため、表5-2のカテゴリーに合わせて筆者が仕分けした。

103

であるNSW，VIC，WAについて筆者が集計したところ，項目別の収入のうち寄付金が15.2％と半減している。これはWAのファンドレイジングが減少し，寄付総額が147万ドルになったためである。NSW&ACTは，物流センターの完成後に取扱量が増加し，他のFBへも876トンの寄付食品を出荷（2017年実績）するなどハンドリングフィーが高くなる傾向がある。

　政府補助金は，貧困対策として倍増しているほか，環境対策として輸送費の補助があったり，後述するように学校給食にFBを利用する事業の補助が拡大していることもある[15]。

　寄付金は一般からも募集しており，「Fundraising toolkit」として地域でのイベントでの募集方法を指導する仕組みを備え，フードドライブ（世帯で余っている加工食品などを寄付してもらう）を含む寄付募集活動を全国的に推進している。

### （3）品揃え方法

　Booth and Whelan（2014）によれば，FBAにおける寄付食品の収集・配分方法は3種類に分かれるが，以下ではNSW&ACTの公開資料とヒアリングに基づいて記述する。先ず，無償提供された寄付食品をそのまま無償配布するDonationが全体の40％を占めている。商品は，野菜など農産物が中心であり，NSW&ACTには選果するリパック施設もある。

　次に加工食品などを中心とした，Collaborative Supply Program（以下，

---

[15] 政府に対するロビー活動も活発で，オーストラリアABC放送電子版によると，スコット・モリソン連邦首相は，2018年11月12日にFBAに対する連邦政府の助成金の半減の計画を明らかにしたが，野党だけでなく全国農業連合会（NFF）や福祉団体から猛烈な批判を受け翌日に計画を撤回した。政府の当初の計画として，FBAへの助成金を減らすのは，助成金予算をこれまでの2団体から3団体へ（OzH, FBA, SB）に振り分けるためであることを明らかにしていた。但し，各団体が助成金予算を競争入札するものだったため，FBAは「お腹をすかせた子供に栄養を与える，あるいは困窮世帯の食卓に十分な食事を届けるという事業の予算に競売制度を適用するというのはまったく間違っている」として批判していた。

第5章 オーストラリア：産業化するフードバンクの分析

写真5-1　寄付された規格外の野菜

資料：筆者撮影。

写真5-2　CSPにより企画されたオリジナル商品

資料：筆者撮影。

CSP）による取り扱いが全体の15％程度を占める。これは，FBにとって適切かつ優先度の高い食品を選択し，各企業へ商品化のために必要な原料，加工業者，資材，物流企業などの寄付をFSCのベンターに依頼し，受益者へ格安販売するものである。NSW&ACTの場合はそれを市価の4分の1程度で福祉団体へ販売している。委託工場はイタリア（パスタ），中国（桃の缶詰），インドネシアやマレーシア（ヌードル）など海外にあり，商品はミネラルウォーター，コメ，パスタ，パスタソースを中心に20アイテムほどに絞られている。例えば農家から年間3,000トンの小麦を寄付されるが，それを用いてパスタとシリアルを製造するために輸送やダンボール箱，パッケージなどの

105

必要資材の寄付などを募って，各ベンダーと議論をしながらFSCを構築する。1回限りのスポット的な取り組みではないため，寄付が難しい場合にはFBが資金提供することもあるという。その際，ベンダーからFBまでのFSC全体で，寄付を共有する仕組みを用いて不公平感がないようにするという。商品パッケージは一見レギュラー商品と見間違える同じようなデザインだが，ミネラルウオーターだけはFBAのロゴマークが入っており，FBによるPB商品のような位置づけもできる。

　加工食品の寄付も受けているが大ロットの商品に限っているため，入荷が安定しない。そのため，足りなくなるとFBが製造原価で購入ができる契約を食品製造業と結んでおり，その購入分が全体の45％を占めている。その場合，食品は無償配布するが，福祉施設からハンドリングフィーとして購入価格の50％程度を徴収する。年次報告書によれば，2017年度にFBA NSW&ACTは食品購入のため158万ドルを支出している。

　以上の取り組みの結果，農産物から加工品，飲料，さらには日用雑貨まで幅広く品揃えされたものを福祉団体に届けることが可能となっている。物流費は年間206万ドルに及び，NSW&ACT最大コスト負担であるが，ハンドリングフィーを徴収しながら福祉チャネルの開拓に成功している。

## （4）非営利活動の追求

　FBAは，食品の寄付に注力しているため，非営利活動の多様性は乏しい。NSW&ACTでは，年間191万ドルの人件費が発生している[16]。これは物流費に次ぐ規模だが，職務は管理部門のほか伝票整理など事務部門，フォークリフトやトラックの運転なども含む。毎週250人が参加するというボランテ

---

(16) ヒアリングによれば，有給職員の給与は「民間と比較すると少ないが，残業や休日出勤もないため時給換算するとあまり変わらないし，やりがいがある」という。
(17) ボランティアは，個人や15歳以上の学生，高齢者のほか，会社から派遣されるケースもある。

第5章　オーストラリア：産業化するフードバンクの分析

**写真 5-3　FBA NSW&ACT 物流センター**
資料：筆者撮影

ィア<sup>(17)</sup>は，主に物流センターでの仕分け作業に従事している。物流センターは総額600万ドル以上の政府補助を受けて設立され，5,000m²のフロアと1,500m²の冷蔵エリア，500m²のオフィスエリアからなる。オフィスエリアにはミーティングルームのほか，フロアに38台設置されたカメラを一元管理するオペレーションルームがある<sup>(18)</sup>。LED照明と250kWのソーラー発電を装備しており，NSWでも最大級の規模である。自社トラックを5台保有し，物流会社やドナーが輸送することも多いという。このように，人件費の多くは既存のFSC業務に費やされている。

一方，多くのFBAではSchool Breakfast Program（以下，SBP）という新しい取り組みもある。これは登録された学校に無償で栄養価の高い食品を届ける活動であり，基本的にはFSC業務の一環である。保存性の高い加工食品中心だが，パンや生鮮物，乳製品も提供する。これらは基本的に購入品を提供している。FBA NTウェブサイトによると，2015年にその取り組みを強化するため民間の財団からFBAは7万ドルの助成金を受けている。またWAでは2001年より17の学校と取り組みを開始し，現在では470以上に広がっている。しかしFBA WAの取り組みは多様性を見せており，特設ウェブサイトを設けるほど熱心である。例えばSBPに登録した小学校と高等学校では，Food

---

(18)カメラは，事故や作業者による窃盗（万引き）などを監視する目的で設置されたという。

第Ⅰ部　世界のフードバンクとその多様性

Sensation®という栄養教育プログラムを受講することも可能である。教材を用いたアクティブラーニングや調理実習などが含まれる。成人用Food Sensations®もあり，毎週開催される合計4回のセッションに参加して修了となる。同サイトによると5～15人のグループか個人で受講するが，2017年の参加者は1,222名，そのうち78％は中低所得者層であったという。

## 2）Oz HARVEST

### (1) 概要

OzHは，当時イベント会社の社長であったCEOのRonni Kahn氏が，1997年頃からパーティで提供されるケータリングの食べ残しを，福祉団体に寄付する取り組みからスタートした。本業の片手間での取り組みだったが，大変好評だったため2004年に専業のOzHを設立したという。このように，OzHは調理品も回収・寄付する点に特徴があるが，2005年にボランティアの弁護士とともに「Civil Liability Act 2002 No22」という食品寄付の事故に対する免責事項を盛り込む各州法の変更を実現させたという経緯がある。同CEOは後述する多様な事業を積極的に進め，2010年には社会起業家としてオーストラリアンオブザイヤー賞を受賞した。

現在では，卸売業者，農家，企業のイベント，ケータリング会社，ショッピングセンター，デリ，カフェ，レストラン，映画やTVの撮影や会議室など3,500以上の多様なドナーから，毎週180トン以上の食料を回収している。オーストラリア内に10の拠点と数か所の事務所があるが，それらはパースを

表5-4　2017年のOzHの拠点別活動概要

|  | Cairns | Brisbane | Gold Coast | Newcastle | Sydney |
|---|---|---|---|---|---|
| *Food Rescue (kg)* | 42,279 | 715,499 | 348,154 | 281,362 | 1,950,040 |
| *Share (%)* | 0.7% | 12.4% | 6.0% | 4.9% | 33.7% |
| Derliver meals | 126,837 | 2,087,823 | 1,055,317 | 843,018 | 5,731,491 |
| Helped Charities | 21 | 188 | 88 | 108 | 347 |
| Food Donor | 17 | 315 | 175 | 249 | 1,448 |
| Number of van | 1 | 5 | 2 | 3 | 14 |

資料：OzH年次報告書より筆者作成
注：Regional Locationは，ToowoombaやBarossa Valley等国内5か所の事務所合計値を示す。

第5章　オーストラリア：産業化するフードバンクの分析

除きすべて東南海岸沿いに位置している。国内のコンサルティング企業Bain & Companyの協力により広報にも力を入れ，黄色と黒を基調としたブランドロゴマークを周知し，Kahn氏のメディア露出も高頻度で行われており，イギリス，タイ，南アフリカ，ニュージーランドへ海外展開も始まった。

(2) 運営資金

OzHの収入源は現金寄付が，10,847,332ドル（2017年度）と全予算の92.4％を占めている。FBAと異なり，政府補助金は約7％と少ない。総収入は，2016年度比で147.9％と大きく増加している。全支出の57.1％を約180名在籍する有給職員の賃金が占め，次に多いのがイベント費で132万ドル（10.9％）となり，FBAに対して食品の提供以外の活動にも力を入れていることが示唆される。Ronni氏によると，「取り組みをカジュアルにブランディングし，

写真 5-4　収集用のバン(左)と販売されているグッズ（右）

資料：筆者撮影

| Canberra | Melbourne | Adelaide | Perth | Regional Locations | TTL |
|---|---|---|---|---|---|
| 306,015 | 408,111 | 584,247 | 849,822 | 294,547 | 5,780,076 |
| 5.3% | 7.1% | 10.1% | 14.7% | 5.1% | 100.0% |
| 908,626 | 1,201,348 | 1,720,087 | 2,549,466 | 883,641 | 17,107,654 |
| 75 | 115 | 124 | 93 | 160 | 1,319 |
| 211 | 405 | 365 | 280 | 101 | 3,566 |
| 2 | 5 | 4 | 4 | - | 40 |

第Ⅰ部　世界のフードバンクとその多様性

ファッションを含めイエローのイメージカラーで社会に浸透させることがOzHの重要な運営方針」であるという。コーポレートカラーのイエローを使用したマグカップやトートバッグなどの物販も行っており，ブランディングには特に力を入れている。

　寄付金を中心としたファンディングは，ニューヨークのシティハーベストの取り組みを参考に，様々な工夫をしているという。例えば，「1ドルで2人分の食事」「1ドルの寄付は6ドルの社会的価値になる」などSROI（Social Return on Investment）を念頭に，具体的な寄付効果をアピールしている。また，150名の企業トップと50名のシェフがOzHの食材を調理し，生活困窮者に提供するCEO COOK OFFというイベントを実施した。そこでは，企業トップは寄付金を提供することを参加条件としたため，OzHは総計30万ドルの収入を得たという。

（3）品揃え方法

　OzHは，調理済品の回収・提供から事業をスタートしており，少量多品種のハンドリングを徹底するため従来から小回りの利くロジスティクスに力を入れている。

　調理品だけでなく，青果物，乳製品，精肉などを運ぶために，冷蔵のVANを全国で40台保有し，衛生管理も徹底しているという。設立当初はド

写真5-5　本部のルート管理画面（左）、ドライバー回収先画面（中）
チャットアプリ（右）

資料：筆者撮影

ライバー1名だけには給料を払っていたという。先述したとおり，筆者は回収用のVANに12時から15時過ぎまで同乗し，参与観察を実施した。そこでは，食堂やオーストラリア最大のスーパーWoolworthなど10件ほど回り，10ℓほどの容器約30個分を手際よくかつフレンドリーなコミュニケーションを交えて回収していた。ドナーが準備していた食品入り容器を回収し，シール式の記録紙に日付と重量（kg），種類（6つより選択）を記録し容器に貼り付け，最後に同数の容器を置いていく。内容物は，調理済み品が中心だったが，野菜やショートパスタ，ソーセージ，ケーキなど多種多様であった。添乗したドライバーは11:00から15:00過ぎまで30件弱を訪問するという。このような取り組みは，大型トラックなどの設備投資を伴うものではなく，あくまでも人材育成に注力する点でFBAとは異なる。

シドニーを管轄する本部では，インタビュー時に15台のバンがあり，300箇所の登録ドナーの回収ルートを独自のプログラムで最適化している。EPAからの補助金を用い，2017年5月1日〜7月7日までの10週間でWoolworthとの実証事業を実施し，Web上で一元管理するシステムを構築した。すでにNSW内の同社279店舗のうち88店舗に導入済みで，現在では他社にも展開が進んでいる。目的が「ドナー側のスタッフ行動の変化により廃棄物削減方法を開発し普及させること」であったため，ドナー行動の測定基準を2つ定めた。1つはドナーが寄付する数量（KG）である。そしてもう一つはConsistency（一貫性，言行一致）という基準であり，具体的にはWoolworthが入力した回収予定数量に対する実際回収された割合（日量ベース）を意味している。単位は，スーパーマーケットの収集成功率（SR：Success Rate）として定量化しているが，この値が高ければ，配車や回収容器の配布数量が効率化する重要な指標となっている。最終的に85％になることを目標としているが，現在はまだシドニーでも60％と低く，店舗が勝手に捨ててしまうことなどを防止する必要があるという。現在は，6.5万ドルの予算で第2回実証事業が2018年〜2019年の2年間で実施されているところである。

一方，ドライバーに対する教育も徹底している。先ず，ドナーへの挨拶や駐車場を探すための5日のIntensiveトレーニングも実施し，荷物の上げ下ろしなどのトレーニングにも3ヶ月かけている。交通事故のため保険をかけているが，ルート変更や様々なトラブルを未然に防ぐため，本部とのやり取りを重視してスマートフォンでチャットができるシステムを導入している。以前は電話でやり取りしていたが，現在ではその記録が残り，ミスが少なくなり，従業員のストレス緩和にも役立っているという。

収集時にはドナーとドライバーのコミュニケーションが重要となるため，実証事業とは別に社員をドナー企業へ派遣して指導することもある。例えば配布先施設ではパンの需要があまりないことが分かれば，ドナーに対して生産抑制するよう促す。余剰農産物を無理に配布するようなことはせず，利用者満足の充足を前提にした質的満足に繋がる寄付を募るという。利用者は高齢者のほか女性シェルター，DV被害者，アルコール中毒者などさまざまであるという。

ドライバーを中心に従業員の精神的負担が大きくなることがあるため，ボランティアでオペレーションセラピストを手配するEmployee Assistance Programを実施している。以上のように，OzHでは人的資源管理がその経営方針の中心にあることが分かる。

（4）非営利活動の追求

OzHは，当初は食品を無償で譲渡することを目的にしていたが，現在は「食品を提供するだけでは貧困問題は解決しない」という認識のもと，フードロスの発生抑制に力を入れつつ教育分野にも業務を拡大している。貧しい人の買い物をアドバイスするプログラムでは「ショピングコンサルタント」を行ったり，従業員の雇用定着を目的に有料の「料理教室」を開催したり，「フードトラック」という移動式の食育プログラムを学校やコミュニティセンターへ提供したりその内容は多様である。OzHでは，フランスのような罰則規定よりも遥かに教育のほうが優れており，食品は人同士を繋ぐ「コネクター」

であり，引き寄せる「マグネット」でもあると考えている。一方で，約100名の教育関係のボランティアがおりより少ない費用で教育活動を実施できることも1つの理由であろう。以下，FB活動から派生した4つの事業を概観する。

① FEAST Program

FEAST（Food Education and Sustainability Training）Programは，小学生の生徒向けの栄養指導や環境・廃棄物問題についての考察や態度を指導する政府公認の学校教育プログラムで，シドニー大学による教育効果も検証済みである。政府に交渉し70の小学校が登録・実施しスタートしたが，現在ではNSWにある2,300校のうち，50％が実施している。現在は州政府の教育省だけでなく，保健省も2025年までに肥満を25％減らす政府計画のなか同プログラムに興味を持っているという。

9〜12歳を対象に，毎週2時間，合計10週間実施する。1クラス最大30名で実施するという。キッチンがなくても生徒の調理経験がなくても実施可能なプログラムだが，講師を派遣するのではなく教諭がOzHから指導を受けなければならない。内容は，肥満対策，コンポスト，キッチンガーデンなど総合科目さながら多岐にわたる。

写真5-6　FEAST Programで用いられるテキストと絵本
資料：OzHウェブサイトより引用

② Nest Program

NEST（Nutrition Education Sustenance Training）Programは，食品の受益者や料理経験のない生活困窮者などを対象に，栄養学や調理学の習得を通じた自立支援プログラムとなっている。内容は家庭科に近く予防医学的な要素も含まれるが，個人に食品を寄付しても自立支援に繋がらないことが判明してきたため2012年より活動開始した。現在まで，1,500回のワークショップを実施したが，失業者は全体の18％しかおらず，生活困窮者のほかタイプAの糖尿病患者など受講生は様々である。プログラムは週に2回，合計5週間実施する。1回につき12名の受講生が参加しレクチャーを受けるが，参加者の25％は途中から参加しなくなるという。講師は，栄養士養成コースで学ぶ大学生ボランティア2名を中心に担当し，今後は大学の栄養学科からの評価を受ける内容をブラシュアップする計画がある。

③ NOURISH Student

NOURISH Studentとは16〜25歳の若者を対象に，プロのシェフ育成を目指す職業訓練プログラムである。貧困世帯の若者のほか女性シェルターからも参加し，18週受講すると修了証書が発行される。栄養学や調理学の習得だけでなく，就職面接・履歴書作成，ドナー企業への就職斡旋やインターンシップまで実施する。学習内容は，「廃棄物を減らす」「環境配慮する」「健康配慮する」ことを軸に自己啓発プログラムを含んでおり，シェフ養成プログラムと半分ずつで構成されている。学費はすべて無料なため，高価な民間の調理師学校や公的機関の有料職業訓練と比較すると，大変意義深い取り組みとなっているようである。現在シドニーとアデレードで実施され，2017年は33名が卒業し，17名が就職，15名が進学したという。

④ OzHarvest Marketほか

OzHは，2017年4月にOzHarvest Market（OHM）という食品企業からの

第5章 オーストラリア：産業化するフードバンクの分析

写真5-7　OZ Market の外観と店内

資料：筆者撮影

写真5-8　規格外オレンジを使った生搾りジュース自動販売機

資料：筆者撮影

寄付食品を提供するスーパーをシドニーにオープンした。期限切れ間近の食品を格安の価格で販売するデンマークの「We Food」(2016年開業) に触発されたというが，OHMでは値付けはせず，無料か寄付金を払って持ち帰るためPWYW（Pay What You Want）方式に近い。入店には収入などの制限はないが，「持ち帰ることができるのは，基本的に1人2日分の食材」という制約がある。収入（寄付金）はすべてFB事業に充てられるため，フードロスを減らしながら一般の顧客からの寄付金集めの仕組みとして機能している。運営スタッフは6〜8名が在籍し，皆ボランティアで平日の10時から14時まで営業している。日によって異なるが，来店数は平均110人/日，200〜250kg/日程度の食品が提供され，来店数，利用量ともに増加傾向にあると

115

いう。石鹸やトイレットペーパー，赤ちゃん用おむつなど日用雑貨も揃えている。店頭在庫が多いと不要なものまで持って帰る可能性があるため大量陳列せず，バックヤードに多く在庫を持ち適宜補充するようにしている。緊急支援として，棚からバッグに詰める作業をスタッフが付き添いながら，どの食品を持って帰るか選択する手助けをする。店舗には朝と午後に1回ずつOzH本部からの補充があるという。

2018年9月には，自販機「Juice For Good Vending Machine」をシドニー市内に2台設置した。これは規格外オレンジを自動でカットして絞ったジュースを1杯4ドルで販売するものである。inside FMCGウェブサイトによると，12月現在で，すでに約8トンの規格外オレンジが消費できたという。For Purpose Co.というOzHのイノベーション部門が事業を統括しており，今後も設置台数を増やす予定である。収益はすべてOzHへ寄付される。

## 第4節 小括

下表のとおり，圧倒的な取扱量を誇るFBAと，ブッフェ料理の余剰回収

表5-5 オーストラリアで活動するフードバンクの比較

| | QFD (t/year) | 運営資金 (1,000 A$) | 品揃え方法 | 非営利活動の追求 |
|---|---|---|---|---|
| FOODBANK | 37,000 | 6,743（NSW）<br>7,286（WA）<br>7,352（VIC） | CSP<br>商品購入 | — |
| OZHARVEST | 5,780 | 11,744<br>(2017) | 無料スーパー | 女性シェルター，料理教室，雇用促進など |
| SecondBite | 10,000 | 6,070<br>(2017) | 期限が迫ったものはすべて受け取る | — |
| FareShare | 770 | 2,237<br>(2016) | Kitchen garden program | FareShare kitchen<br>堆肥リサイクル |

資料：筆者作成

第 5 章　オーストラリア：産業化するフードバンクの分析

から始まったOzHの間には，明確な事業方針と活動内容の相違がある。FBAはCSPによりPBのようなオリジナル商品を製造販売するほどに食品の量や品揃えを追求しているのに対し，OzHは教育による就労支援や規格外オレンジジュースの自動販売機設置など，社会的に注目を集めやすいインパクトのある取り組みが進んでいた。このような相違は，他のFBにも広まりオーストラリア全土でみれば多様な発展に繋がっている。例えば，FBA NSWへのヒアリングによれば，FBAは大量に発生したものしか受け取らないが，SBは大手食品スーパー Colesから期限が迫ったものはすべて受け取っているという。またFS年次報告書によると，フードロス削減というよりは循環型経済（Circular Economy）を念頭に，FareShare kitchenという生活困窮者向け食堂の食べ残しを利用した堆肥生産を行い，施設内の農園で利用している。これは年間27トンの野菜を生産するKitchen garden programという取り組みへと発展している。

　一方，どのFBも寄付金の集め方を工夫し，輸送費などの名目で手数料を徴収したり，商品販売などを行いながら活動資金を得るための努力を惜しまない。ボランティアや政府の補助金も活用しながら，社会的企業としての方向性も併せ持っているのである。それでも，FBAは「Foodbankの食料の40％ほどが農村地域の困窮世帯救済に充てられており，その大部分が旱魃の影響を直に受けている人達」という発言しており，本研究で定義した産業化とは一線を画している。

　もちろん，Amy Guptill et al. (2012)が指摘するようにFBは「工業的な大量生産システムを正当化する重要な役目」を果たし「工業的なアグリフードシステム全体にとっても欠かせない存在」になっているという側面も否めない（同著p.155）。一方で，同書ではFBの「スタッフやボランティアもこのシステムでは受給者のニーズを十分満たせない」と認識し，「市民が食文化や食のバリューチェーンへの積極的な関与を求め，変わり続ける環境に対処する」フードデモクラシー活動も提唱している。この点でオーストラリアFBの現状をみると，QFDに拘らないOzHは，大量生産・大量流通を批判す

るようなビジョンをしっかり持ち，フードデモクラシーに近いかたちで非営利活動を多様化し「②経済的付加価値を生み出す営利活動に寄与する」活動とは対極の非営利活動を追求している。もちろん「①非営利団体が営利団体と結びつく」という実態も明らかになったが，それは営利団体を非営利事業に巻き込むという，部分的な「非産業化」を推進していることにほかならず，この点では食品産業の将来展望を描くことも可能であろう。

　フードデモクラシーに関する詳細な分析は，紙幅の関係上今後の課題とせざるを得ないが，以上のとおり，産業化という批判に対しFBは，条件不利地域への食品寄付と非営利活動の多様化というかたちで社会的な存在意義を打ち出しており，特にオーストラリアFB全体でみた場合，それはBoothら（2014）の執筆時とは異なる新たな局面に入っていることが示された。なお本調査は予算と調査時間の制約によりシドニー周辺の調査に限定したが，地方都市や遠隔地への詳細な輸送網の構築や地域コミュニティに関わる分析については今後の課題とする。

**参考文献**
［1］小関隆志（2018a）「第4章　フランスのフードバンク―手厚い政策的支援による発展―」佐藤順子編著『フードバンク世界と日本の困窮者支援と食品ロス対策』明石書店，pp.105-126
［2］小関隆志（2018b）「第5章　アメリカのフードバンク―最も長い実践と研究の歴史―」佐藤順子編著『フードバンク　世界と日本の困窮者支援と食品ロス対策』明石書店，pp.127-147
［3］小林富雄・佐藤敦信（2016）「インフォーマルケアとしての香港フードバンク活動の分析―活動の多様性と政策的新展開―」『流通』No.38，pp.19-29
［4］小林富雄（2018）「世界のフードバンクと発展の課題」『生活協同組合研究』Vol.510，2018年7月，pp.22-29
［5］寳劔久俊・佐藤宏（2009）「中国における農業産業化の展開と農民専業合作組織の経済的機能」Global COE Hi-Stat Discussion Paper Series 086，一橋大学
［6］空閑信憲（2011）「6次産業化が稲作農業経営体の生産性に与える影響について」ESRI Discussion Paper Series No.275，内閣府
［7］宮川典之（1996）『開発論の視座』文眞堂
［8］Amy E. Guptill, Denise A. Copelton, Betsy Lucal, (2012) *Food & Society:*

*Principles and Paradoxes*, Polity Press（伊藤茂訳（2016）『食の社会学』NTT出版）
［9］Australian Government（2017）*NATIONAL FOOD WASTE STRATEGY Halving Australia's food waste by 2030*
［10］Booth, Sue（2014）*Chapter.2: Food Banks in Australia: Discouraging the Right to Food*（Riches, G., Silvasti, T.（2014）*First World Hunger Revisited -Food Charity or the Right to Food?- 2nd ed.*, New York, NY: Palgrave Macmillan, pp.15-28）
［11］Booth, Sue and Whelan, J.（2014）*Hungry for change: the food banking industry in Australia*, British Food Journal, Vol.116 No.9, pp.1392-1404
［12］Mejía, G. et al.,（2015）*Food donation: An initiative to mitigate hunger in the world*, FAO.
［13］FBA（2018）*FOODBANK HUNGER REPORT 2018*
［14］FBA NSW&ACT（2017）*ANNUAL REVIEW 2017*
［15］Gundersen, C., Fan, L., Baylis, K., Dys, T. D., Park, T., Hake M.（2016）*The Use of Food Pantries and Soup Kitchens by Low-Income Households*, Selected Paper prepared for presentation at the 2016 Agricultural & Applied Economics Association, Boston, MA, July 31-August 2.
［16］Graham Riches（2018）*Food Bank Nations; Poverty, Corporate Charity and the Right to Food*, Routledge
［17］Kobayashi, T., Kularatne, J., Taneichi, Y., Aihara, N.（2018）*Analysis of Food Bank implementation as Formal Care Assistance in Korea*, British Food Journal, Vol.120, Issue 01, pp.182-195
［18］NSW EPA（2017）*Love Food Hate Waste Tracking Survey 2017*
［19］Tarasuk, V. and Eakin, J. M.（2005）*Food assistance through "surplus" food: Insights from an ethnographic study of food bank work*, Agriculture and Human Values, Vol.22, Issue 2, pp.177-186.
［20］United Nations（2015）*World Population prospects*（https://esa.un.org/unpd/wpp/publications/files/key_findings_wpp_2015.pdf）
［21］USDA（2012）*Food Security Survey Module*（https://www.ers.usda.gov/media/8282/short2012.pdf）
［22］Van der Horst, H., Pascucci, S., & Bol, W.（2014）, *The 'dark side' of food banks? Exploring emotional responses of food bank receivers in the Netherlands*, British Food Journal, Vol.116 No.9, pp.1506-1520.

**参考ウェブサイト**
［1］Australia ABC放送電子版（https://www.abc.net.au/news/2018-11-13/scott-

morrison-reverses-foodbank-funding-cuts/10491092）
［2］FBAウェブサイト（https://www.foodbank.org.au/about-us/how-we-work/food-waste/）
［3］FBA NTウェブサイト（https://www.foodbank.org.au/2015/04/04/foodbank-nt-receives-grant-to-bolster-school-breakfast-program/）
［4］FBA WA　特設ウェブサイト（http://www.healthyfoodforall.com.au/）
［5］FS年次報告書（https://www.fareshare.net.au/annual-reports/）
［6］inside FMCG　ウェブサイト（https://insidefmcg.com.au/2018/12/19/ozharvest-finds-use-for-imperfect-oranges-with-juice-vending-machines/）
［7］OECDウェブサイト　*Poverty rate*（https://data.oecd.org/inequality/poverty-rate.htm）
［8］OECDウェブサイト　*Social Spending*（https://data.oecd.org/socialexp/social-spending.htm）
　※すべて2018年12月28日閲覧

（小林富雄）

## 第6章

# 香港：インフォーマルケアとしての
# フードバンクの発展と多様化
## ―活動の多様性と政策的新展開―

## 第1節　課題設定

　日本のフードサプライチェーンは，欠品を過度に回避するため適切な需給調整が実施されず，年間1,000億円近くのフードロス（食品廃棄物のうちの可食部）が恒常的に発生している（小林（2018））。しかし，このようなフードロスを福祉目的に利用するフードバンク（以下：FB）活動は，環境問題，貧困問題の解消に資する取り組みとして，世界各国に広がっている。アジアでは，第3章でみたように，韓国においては社会福祉部主導により福祉としての位置づけが強く，第Ⅱ部で検討するように，日本では食品ロスの削減の推進に関する法律が2019年に成立するまでは，農林水産省主導による食品リサイクル法の枠組み内での取り組みが中心となってきた（小林（2018））。

　そのなかで，世界有数の人口密集都市である香港は，廃棄物の最終処分場の不足，そして小さな政府を標榜する経済政策による貧富の格差の深刻化，さらには「味にうるさい食文化」[1]のためにフードロス問題が顕在化しやすい特徴がある。そして，FBに対しては，その期待が非常に大きく，いわゆるリーマン・ショック後にアジアの中で特異な発展をみせている。

　本章では，このような香港におけるFB活動をとりあげ，その福祉分野でのインフォーマルケアとしての発展経緯を分析し，香港特別行政区が推進す

---

（1）姜（2000）によれば，「中国人は味で食べ，日本人は眼で食べ，韓国人は腹で食べる」という食文化の多様性がみられる。

るFood Wise Hong Kong運動として新たな局面を迎えつつある現状と課題を明らかにする。

## 第 2 節　分析の方法

　FBは，政府活動でもなく，民間ビジネスでもないインフォーマルセクター（以下：IS）である。ISとは開発経済学でよく聞き慣れた用語であるが，本来，発展途上国での露天や再生資源となるゴミ収集など，行政の指導の下で行われず，国家の統計や記録に含まれていない経済活動を指す。近年では，農村の過剰労働力が，職を求めて都市部に移住した際の雇用の場として，発展途上国では重要なセクターとしてみなされることが増えている（カリージョ（2011））。但しISは，市場取引の対象であると定義されることが多く，非市場で食品を無償提供するFB活動をISとすることは，正確ではない。そこで本稿では，福祉活動の用語であるインフォーマルケア（以下：IC）としてのFB活動を位置づけることにより，活動の評価を試みる。評価の方法として，概ね「組織概要」，「活動詳細」，「運営費金」，「今後の課題」の4つの視点から分析する。なぜなら，インフォーマルケアとしてのFB活動の成否は，その運営組織が自律的に活動する資金調達方法と，受益者ニーズの充足，そして活動の持続性にかかっているからである。

　中島ほか（2011）によれば，「介護保険などの制度化された行政・民間事業者による」フォーマルケアに対し，ICとは「家族や地域住民，ボランティア団体による制度化されないケア・支援」と定義される[2]。従って，米国のSNAP（Supplemental Nutrition Assistance Program：旧フードスタンプ）のように政策的に制度化されている貧困層への現物支援はフォーマルケアであるのに対し，政策的位置づけが曖昧でボランティアの助けを借りな

---

(2) より詳細には，「行政から委託された社会福祉協議会によるサービスはフォーマルケア」，NPOによる制度化されないケアや支援はインフォーマルケアと定義されている。

がら運営されるFB活動はICと位置づけることが可能である。制度的支援がないため活動基盤が脆弱なFB活動は，その継続性をどのように担保するかが非常に重要となるのである。

以下，2015年9月14～18日に実施した，香港FB団体，環境保護署（行政）へのヒアリングと現地調査，広報資料，その後のE-Mailによる追加調査を通じて得られたデータをもとに，取扱う食品からみた事業の多様性（類型化），運営予算，提供食数などを整理し，貧困解消に対する影響力という観点での分析を進める。

## 第3節　調査対象の概要

中華人民共和国の特別行政区（一国二制度）である香港は，わずか1,104km$^2$の面積に731万人を超える人口を有する，世界有数の人口密集地域である[3]。2013年には，特区政府としてはじめて設定した貧困ライン（貧困ラインを1カ月の世帯所得中位数の50%に設定）を発表したが，その貧困人口は131万人，貧困率は2割に達している[4]。

一方，フォーマルケアである社会保障政策は手厚いものとはいえない。澤田（2009）によれば，日本の生活保護にあたる総合社会保障援助（CSSA）の受給者件数は，いわゆるリーマン・ショック期にあたる2007～2009年ですら29万4,963件から28万4,500件へ減少している。その背景として「1997年のアジア通貨危機以降は6年連続の赤字という未曾有の事態に見舞われ」たた

---

（3）人口は，IMF（2015年10月版）「World Economic Outlook Databases」，面積は，CIA「The World Factbook」のデータを使用した。
（4）香港ポスト2013年10月18日付。同紙によれば，2012年末の統計に基づくと，貧困ラインは単身が3,600ドル，2人世帯が7,700ドル，3人世帯が1万1,500ドル，4人世帯が1万4,300ドルとなる。ここから推計すると貧困人口は54万世帯で計131万人，人口に対する貧困の割合は19.6%となる。生活保護など福祉政策による現金収入を差し引いた場合の貧困人口は40万世帯102万人，貧困率は15.2%となる。

第Ⅰ部　世界のフードバンクとその多様性

表6-1　香港のフードバンク関連組織

| | 組織名 | 運営母体・事業内容 |
|---|---|---|
| 1 | Food Safety Guideline for Food Recovery | 食品寄付のガイドライン策定など（行政） |
| 2 | Food Recycling Organizations and Collection Points | 食品寄付受付窓口のネットワーク（行政） |
| 3 | Food Donation Alliance | Friend of the earth という環境団体 |
| 4 | Food Assistance Service in Hong Kong | 食糧援助団体 |
| 5 | Foodlink Foundation | ホテルなどの食べ残し，食材ロスを回収 |
| 6 | Food Angel | 弁当配布，食堂事業のほか，企業CSR，教育など |
| 7 | St. James' Settlement People's Food Bank | 加工食品のほか，弁当調理・配布，生活雑貨などの回収・配布 |
| 8 | Feeding Hong Kong | 加工食品の回収・配布 |
| 9 | 「FOOD GRACE」Food Recycling Scheme | 青果の回収と寄付，ベジタリアン教育，堆肥化リサイクル |
| 10 | People Service Centre-Food Friend Action | 市民社会サービスの中の「穀物事業」として回収，寄付を実施 |

資料：Food Wise Hong Kong HP より作成。

め「社会保障費の削減に乗り出し」たことがある。その後「2006年から財政収支は大幅な黒字を記録したにも関わらず，それ以前の方針が継続している」と指摘している[5]。

　福祉団体のSoCOによれば，高齢者の1/3が貧困者で，その多くは，基本的な必要な栄養を摂取できずに苦しんでいる。またHKCSSは子供たちの1/4が1日3食を摂取できていないと指摘している[6]。このような状況から，香港内のFBは表6-1のとおり複数の団体が存在しており，それぞれ特徴を活かした多様な取り組みを展開している。次節以降，この中でも特にICに特化した活動を展開する5，6，7，8の4団体についてケーススタディを試み

(5) 日本経済新聞2013年10月1日付によれば，政府は「ワーキングプアが50万人近くおり，再優先の課題であることは明らか」としながら，「社会福利主義や福利主義ではない」「バラマキ型の福祉拡大策はとらない」ことを強調している。しかし，香港ポスト（2014年2月14日付）によれば，1月15日の梁行政長官の施政方針演説で，ワーキングプア向けに「低収入在職家庭手当」の導入が発表された。20万世帯，71万人が支給対象となり，200億HK$の経常支出増額である。そのため，財政政策の1つの転換であると指摘する一方，これに対する財界や中産階級からの反発が懸念されている。

(6) SoCO (Society for Community Organization)，HKCSS (The Hong Kong Council of Social Service) 各ウェブサイトより。

第6章 香港:インフォーマルケアとしてのフードバンクの発展と多様化

る。

## 第4節 ケーススタディ

### 1) Feeding Hong Kong

　Feeding Hong Kong（以下：FHK）は，九龍にオフィス兼倉庫を構える欧米型のFB団体で，シカゴにあるFBの国際組織The Global Food Banking Networkのメンバーでもある。Operation DirectorのV氏が，仲間とともに渡米しFB団体への視察を経て，2009年に事業をスタートし，2011年に法人化を達成した。現在は9名の正職員と2名のアルバイトで運営している。2015年は，寄付者であるドナーから年間400トンの食品の無償提供を受け，56のチャリティ団体を通じて，年間95.3万食分を寄付している。

　立ち上げ当初から取扱量は順調に増加しており，2015年度は前年比70%増（重量ベース）になり上記数量に達した。受け取る食品は，欧米のFB同様に長期保存が可能な食品（ドリンク，缶詰，調味料，麺，米，パスタ，冷凍食品，菓子類，パン，冷凍肉などで，一部野菜や果物も含む）に限定され，日配品や総菜などの調理済食品は一切受け取らない。なお，恒常的に米やロングライフ牛乳が足りないため，HPで寄付を募集している。

　食品ドナーは148社，寄付などの協力企業は50社以上にのぼり，農家も含まれる。食品卸やメーカーなどからの寄付が多いが，2012年からはスーパーより賞味期限までの残存期間が短い食品を引き取っているため，賞味期限が過ぎた場合でも，安全性を確認して配布することがある。

　団体の運営は，年間600万HK$の寄付金収入によって進められ，その約40%は銀行からのものである。そのため設備は充実しており，例えばオフィスと同フロアに約2ヶ月分の食品在庫が可能な倉庫を併設し，フォークリフトとパレットによる搬入出が可能な程度のスペースも確保している。温度管理も十分で，常温は一般のエアコン6基で夏季でも約20℃に保たれ，大型の業務用冷蔵庫と冷凍庫も完備している。

近年，Chefs in the Communityという地域のシェフ（調理人）と共同でボランティアスキームを作成し，Vol.3まで発刊している1冊あたり200HK＄のレシピ集の販売を通じた寄付金を募っている。レシピは，10HK＄以下，30分以内で調理でき，栄養価も高いため貧困問題を解決するために役立つ内容である。また，ボランティアのシェフは，地域の市民のために料理教室も実施する。

今後の課題は，個人（家庭）からの余剰食品の回収を進めることである。

## 2）Bo Charity Foundation（Food Angel）

Food Angel（以下：FA）は，福祉団体のBo Charity Foundationが母体となり「Waste Not, Hunger Not」というミッションのもと，2011年にスタートした食料支援事業である。特徴として，ビュッフェなど調理済みの余剰食品を回収し，コミュニティセンターでの集団給食（温かい食事：Hot Meal）やランチボックス（Food Pack）にして食事を提供する。また，他の派生事業として，Outreach Angel（Food Packの宅配事業），Green Angel（食育事業），Bread Angel（パン回収事業），Corporate Angel（CSR支援事業）がある。これらの食料支援事業に対し，スタッフは正職員80名，アルバイト10数名が従事し，うち20名程度が調理師免許を取得している。その他，ボランティアスタッフとして学生や主婦などが登録・参加する。栄養士も雇用しており，回収された食材から栄養価を考慮したバランスのよいメニューを考案している。衛生管理については，毎日サンプリングによる衛生検査を実施し，宅配するFood Packについては，毎月外部機関での衛生検査を受け，衛生管理は万全である。

香港島にキッチン1箇所，九龍半島の雑居ビルの1～3階にオフィス，キッチンと「惜食堂」と呼ぶコミュニティセンター（2014年設立）がある。FAは，この「惜食堂」や福祉施設にHot Mealを提供している。提供を受けるには，65歳以上の香港居住者で，貧困者証明やコミュニティ支援などを受けているなどの会員資格を申請しなければならない。もし申請内容に疑いが

第6章　香港：インフォーマルケアとしてのフードバンクの発展と多様化

あれば，センターの職員やソーシャルワーカーが家庭を訪問し確認作業を行う。

　FAが事業を開始した2011年以降，無償で提供した食数は合計200万食にのぼる。対象者は惜食堂会員だけでなく，100以上のチャリティ団体を通じてHot MealやFood Packが提供される。余剰食品の回収・調理・提供は，土日を除きほぼ毎日行われており，提供食数は，Hot MealとFood Packの合計で1日あたり1,200食である。そのうち，惜食堂では，昼食と夕食を200名弱（300〜400食分）が利用する。

　利用者は，貧困高齢者71％，低所得世帯20％，失業者3％，障害者4％，その他2％となっている。悪天候の場合，食事提供サービスが中止されることがあるが，会員が勝手に中止と判断してフードロスが発生しないよう，悪天候のレベルに応じた変更・中止の周知を徹底している。

　寄付される食品は，未調理の食材を中心に，缶詰，保存可能な加工食品，油脂類，調味料，ビュッフェの残りなどの調理済み食品，冷凍食品，日配食品など多岐にわたる。ドナーは，地元企業を中心に150以上に達し，日量4トンの余剰食品を平日の5日間のみ回収している。ドナーの1/3がホテルや飲食店，残りは地元の食品関連企業（製造，流通）である。コメなどの寄付が不足しており，全体の20％はそれらを購入して利用する。それでも，大半の食材費は無料であるため，Outreach Angel事業で配布するFood Packの1個あたり製造費（食材費・人件費ほか）は総額10HK$以下である。なお，HP上では「ウィッシュリスト」として米，食用油などのほか，倉庫，コミュニティセンターでの余興のための電子ピアノなどの寄付も募っている。

　運営資金については，Bo Charity Foundationの資金調達ノウハウもあり，同事業予算として年間150万HK$を確保し，冷蔵トラック4台，ミニバン17台を保有する。予算は寄付で賄っており，銀行を中心とする企業だけでなく個人からも受けている。個人からの寄付はPaypalやクレジットカードを通じて毎月自動引き落としされる仕組みも整備されている。

## 3）FoodLink Foundation

　FoodLink Foundation（以下：FLF）は，台湾女性により2001年より活動が開始された。しかし，2003年にはSARS（重症急性呼吸器症候群）の発生により，政府が貧困層を一時保護したため，寄付食品の無償提供ができなくなり活動を中止した。しかし，リーマン・ショックによる失業者の増加と，台湾女性の子息が海外より帰国したことを契機に，2009年に活動を再開した。当時は，3箇所のドナーからの100kgの余剰食品を扱う程度であったが，現在は元日系企業の社員であった香港籍の女性であるJ氏が業務を引き継ぎ，業務を拡大させている。翌2010年には，法人登録を済ませ，現在は8名の正職員と，週2日間出勤する専門ボランティア10名，不定期に仕事に従事する登録ボランティアが実働10人程度で業務を遂行している。

　2015年時点で，87の福祉団体の食堂に対し，調理済みのHot Mealをタッパーウェアなどに入れ無償提供している。提供を受けるためには，事前にワーキングプアや失業者であることを示し，認定を受ける必要がある。なお，この認定は，他の協会や学校などで実施される受益センター事業の認定とも共通しており，各地で様々なサービスを受けることに繋がる。

　2015年時の1週間あたりの提供食数は，Hot Mealが2.6トン（1.2万食），パンは1.5万パックである。ビュッフェで残った大皿料理など，調理済みの食品を扱うホテルやレストランとの衛生管理体制を徹底しており，3ヶ月に1回面談しながら安全管理の状況をチェックしている。また，回収されるまで，ドナーは衛生管理されたコンテナで急速冷蔵保管（Blast Chilled）する。それをルート回収した後，1時間30分以内に福祉団体へ運び，貯蔵・再加熱後に提供される。なお，福祉団体の食堂からの持ち帰りは，衛生上禁止している。また，食中毒が発生した際の補償などのために1,000万HK$の保険に入っているが，これまで使ったことはない。その他にも，保存性の観点から，生肉や刺身のほかクリームケーキ，サラダの回収はしていない。また，「カットフルーツは認めていないが，切る前の状態（原体）は回収可能」などの

第6章 香港：インフォーマルケアとしてのフードバンクの発展と多様化

細かい規定がある。

　FLFでは，回収する品目ごとに，5つの運営プログラムを作成している。ホテルなどから加熱済みの食料をルート回収するものを，Hot Food Programと呼ぶ。一方，食べ残しを回収する事業をBanquet Programとする。これは，結婚式やイベントの大皿料理などの食べ残しを車5台で毎日回収するものであるが，魚，麺類，スープ，プリンなどは除く。回収してもらうには予約が必要で，少なくとも10営業日前に，当日のメニューとともに知らせてもらうことになっている。Trimming Programは，加熱前の食材を回収するプログラムである。香港のホテルでは少しでも傷があったり規格外であったりすることを理由に，食材の仕入れ量の40％しか使われないため，FLFではこれを回収・調理して福祉団体に提供している。Amenities Programでは，ホテルのシャンプーなどのアメニティを回収し，無償提供している。パンを集めるBread Programは，セブン-イレブンやAromeなどを含む230件のパン屋を回って，毎週1万5,000パックのパンを回収するものである。なお，Bread Programは，福祉団体のスタッフが自ら回収するため，FLFはドナーの開拓や回収時間の調整などに専念する。パン屋を除くドナーは合計83件おり，その内訳はホテル44件，小売12件，レストラン22件，クラブ5件である。

　年間の事業予算は250万HK＄（2014年）であり，約半分が企業からの寄付金である。社会貢献の情報公開のため，各スポンサーをHP上で，寄付金の額によって区分された呼称により公表している。Diamond Sponsorsは100万ドル以上の寄付，Platinum Sponsorsは50万ドル以上，Gold Sponsorsは20万ドル以上，Silver Sponsorsは10万ドル以上，Bronze Sponsorsは10万ドル未満である。

　その他は，複数の企業がCSRを目的に寄付する「ジョイントファンデーション」といわれる慈善寄付団体経由での寄付が30％，個人寄付5％，その他雑収入（物販，チャリティーイベントなど）である。これまで，寄付金により5台の冷蔵車を購入し，4箇所のキッチンからのコールドチェーンを整備している。Hot Food Programでは，概算で1食あたり6HK＄しかかからない。

*129*

第Ⅰ部　世界のフードバンクとその多様性

　今後の目標は，もう一台冷蔵車を増やし，配達エリアを拡大することである。また，学校への啓蒙や，米国のグッドサマリタン法（慈善の行為で食中毒になった場合，提供者は責任を負わない）のような法整備を進めるロビー活動なども今後の課題である。

### 4) People's Food Bank（St. James' Settlement）

　People's Food Bank（以下，PFB）は，本研究で取り上げるFBのうち唯一政府からの補助金を受け取って運営されている。1949年，St. James' Settlement（以下：SJS）が民間の慈善団体として設立され，1950年代，恵まれない子どもたちのためにミルクを無償提供するMilk Stationを開始したことがFB活動のルーツである。2000年にITバブルが弾け，2002年以降の不況により失業者が急増したことを契機に，手を付けていない余剰食材でランチボックスを作成するHot Meal Serviceを開始した。しかし，FLFと同様にSARS問題のため，2003年にはHot Meal Serviceを中止したが，野菜などの食材の配布は継続した。その後，同年12月にSJSにおけるCharity Service部門の1事業として，PFBが設立され，Hot Meal Serviceが再開された。老人は自炊による栄養バランスが取りにくいことや，狭い家で料理ができないことなどがありニーズは高い。

　当初，英国資本のサンドイッチ・チェーンのプレタ・マンジェ（Pret A Manger）のみがドナーで7団体への配布からスタートした。2012年時点で，Hot Meal Serviceでは35の福祉団体を通じて高齢者を中心に延べ2.6万人へHot Mealが提供されている。食数ベースでは，毎日3食を2,500人分，合計7,500食/日（年間約250万食）となる。また，保存性のある加工食品を提供するFood Assistance ProgramではHot Mealの約5倍程度の数量が提供されている。高齢者は，1週間に1回のFood Assistance Programsか，Hot Meal Serviceかを選択できる。なお，Hot Meal Serviceは，2012年に運営を開始した自社キッチンで調理されたものをランチボックスに入れ，特別区内の45箇所のセンターで分配している。

第6章　香港：インフォーマルケアとしてのフードバンクの発展と多様化

2012年現在，Hot Meal Service向けに，28のドナーから年間100トンの余剰食品を回収している。なお，卵，野菜，肉は寄付ではなく後述する公的助成金から購入している。購入する量は全体の50％に及ぶ。Food Assistance Programsでは，ホームレスなどに提供する加工食品としてその5倍の量を提供している。SJSのネットワークを利用して特別区内に32箇所の回収場所を設置して食品寄付を募っている。回収方法として，米や麺類などのPrimary Foodと，麦やフルーツ缶詰，粉ミルクなどのSecondary Foodに分けている。

Milk Powder Sponsorship Schemeでは，粉ミルクを約1,000人/日の幼児（10歳以下）や高齢者（65歳以上）に支給している。粉ミルクは期限が切れがちであり，5％以内の範囲で廃棄することがある。

その他，食品以外でもクリスマスなどイベントグッズや，トイレットペーパーや洗剤などの日用雑貨を購入している。但し，日用雑貨は無償提供せずに安価で販売している。

社会福祉局からの公的助成を受けているのは2009年からで，2014年時点で，事業規模の年間1,000万ドルのうち50％を占めている。

今後の課題は，ムスリムが多いことからハラルフードの対応を進めることである。

## 第5節　小括

### 1）香港FBの多様性とフォーマルケアとの関係性

インフォーマルケアとしての香港FBは，表6-1で示したように環境保全やベジタリアン教育と結びついた活動のほか，本稿の4つのケーススタディでも日本や韓国にはない高い多様性がみられた。本研究で取り上げたICに特化した4団体について，取扱食品や物流や加工などの流通機能，ひいては提供するサービスから類型化を試みると，表6-2のように整理できる。

PFBに次ぐ95.3万食を提供するFHKは，保存性の高い加工食品を中心に多

第Ⅰ部　世界のフードバンクとその多様性

表6-2　香港フードバンク団体の多様性

| | 類型（概要） | 設立年 | 運営予算 | 取扱食品 | 取扱量 |
|---|---|---|---|---|---|
| Feeding Hong Kong 樂餉社 | 従来型（高度在庫） | 2009 | 600万HK$/年（100%寄付金） | 加工食品 | 400t/年（95.3万食） |
| FOOD ANGEL 惜食堂 | コミュニティ型（食堂運営） | 2011 | 150万HK$/年（100%寄付金） | 食材回収⇒調理 | 4t/日（1,200食分）1,040t/年（31.2万食） |
| Foodlink 膳心連 | 総菜提供型（コールドチェーン） | 2001（03～09年活動休止） | 250万HK$/年（100%寄付金） | 惣菜回収⇒急速冷蔵 | 2.6t/週（12,600食）135t/年（65.5万食）（パンは78万パック/年） |
| 聖雅各福群會 | 総合支援型（行政支援） | 2003 | 1,000万HK$/年（50%は補助金） | 食材回収・購入⇒調理加工食品 | 100t/年の回収分と食材購入分（250万食）加工食品：500t/年（目標） |

資料：筆者作成
注：運営予算，取扱量は調査当時（2015年以前）のものであり，現在の取扱量は下記のとおりである。
　・Feeding Hong Kong：521トン（124万食）/年
　・Food Angle：948トン（120万食のランチボックス）/年
　・Foodlink Foundaトンion：620トン（140万食）/年
（各ウェブサイト，メーリングリストの情報による。2018年8月4日閲覧）

くの在庫を保有し，欧米で発達した従来の方式を継承する「従来型」と考えられる。一方FAは，食材を回収し自前のキッチンで調理した食事を食堂で提供する「コミュニティ型」である。FLは，徹底した温度管理で総菜を扱うことから「総菜提供型」，PFBは潤沢な資金を背景に食材や加工食品の回収，卵や肉などの購入などを行い，加工食品からランチボックスまで総合的に取り組む「総合支援型」と位置づけられる。このうち，行政の関与が強いという意味ではPFBがフォーマルケアに最も近いが，その他3つのFBは，特定の食品を取り扱うことで，それぞれが特徴あるICのサービスを提供している。これは，FB団体間の差別化が図られ，香港全体でみれば様々な喫食者のニーズに応えていると捉えることができる。

その背景には，寄付金集め（ファンドレイジング）がいずれも成功し，冷蔵施設や物流網，コミュニティセンターの整備など食品以外の設備投資が可能で運営オプションが多様であることがある。PFBを除けば，寄付金は助成金に比べて使途の制約が少ないことも大きいであろう。このような活動の多様性は，複数のFBからの食料支援による貧困層の幅広い栄養摂取やコミュニティへの参加など様々なニーズに対応するという点で高く評価できる。ま

第6章　香港：インフォーマルケアとしてのフードバンクの発展と多様化

た，食べ残しや調理済みの総菜などの回収・再利用を積極的に実施しながらも，食中毒事件などには細心の注意を払っており，その点を含めてICとしてのFBは一定の成果を収めているといってよい。

但し，提供食数からみた量的な評価については，課題は大きい。香港における貧困ライン以下の人口131万人に対し，いずれの団体も提供食数は一日あたり数千食程度にとどまっている。これは，フォーマルケアにあたる総合社会保障援助（CSSA）受給者の30万人弱を補完する役割としては，まだ規模は小さいといわざるをえない。米国では，2013年11月に連邦政府がフォーマルケアのSNAP予算を削減するなか，年間130万トン以上の食料を扱うICとしてのFBが存在感を増しており，フォーマル部門との相互関係を強めている。また連邦政府は，2015年度に200万ドル（約2億4,000万円）の補助金をFB団体に分配し，インフォーマルな食料支援を強化している[7]。

香港では上記4団体のうち，運営資金の半分を政府助成金によって賄っているPFBが，取扱食品量が最大であることから，量的な活動規模の拡大に対して助成金は有効な政策であることが示唆される。但し，各団体があまりに助成金に頼り過ぎると，食材の購入量が増え余剰食品の有効活用という点での社会的意義が弱まる可能性もある。また，回収する食品の特徴によって香港FBが多様化しているとすれば，それが失われる懸念もある。

## 2）環境行政によるフードバンク活動支援

香港は，毎日約3,600トン（130万トン/年）発生する食品廃棄物が狭い国土に埋め立てられており，その1/3は可食部であるといわれる。特に，家庭系食品廃棄物（Domestic Waste）の発生量が，この5年間の好景気により再び増加に転じている。事業系食品廃棄物（Commercial & industrial waste）についても，2002年と2014年の12年間を比較すると約2.8倍も発生量が増加している。そのなかで，香港政府は毎日240万香港ドルを投入してFood Wasteを処理しているが，香港市内に3つある埋立地は，2015〜2018

---

（7）Bi-DAILYSUN New Yorkホームページより。

第Ⅰ部　世界のフードバンクとその多様性

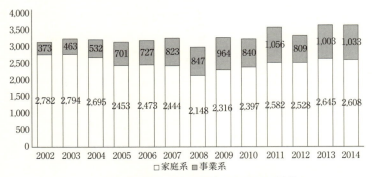

**図6-1　香港の食品廃棄物発生量の推移**
資料：環境保護署「MONITORING OF SOLID WASTE IN HONG KONG Waste Statistics」各年版。
注：1）図中の数値は，不可食部と水分を含むFood Wasteのものである。
　　2）図は，日量（トン/日）のデータを筆者が年換算しグラフ化したものである。

年で満杯になると予想され，その削減が廃棄物政策上の大きな課題となっている。

現在，特別区の環境保護署では，2013年5月18日よりFood Wise Hong Kongという大規模な食品廃棄物対策と啓蒙活動をスタートさせている。キャラクター（名称：Big Waster）を使った業界や市民への，Good Practice Guide（模範的なケーススタディ）の普及を通じて，FB支援を意識した恵まれない人への食品寄付の推進をキャンペーンの目的の1つとして位置づけている[8]。現在発生している食品廃棄物の10％削減を目標に活動が進んでおり，そのFB活動に対する影響について改めて評価する必要があるが，詳細は紙幅の問題もあり稿を改める必要がある。現在は，環境対策としてFBに補助金の提供は行われていないが，今後，食品廃棄物対策としてのFB活動がフォーマル化する可能性も検討しなければならない[9]。

なお図6-1によると，現在の香港FBが対象とする事業系の年間排出量は

---

（8）Food Wise Hong Kongホームページより。
（9）なお，韓国では環境対策としてFB活動が行政主導で導入され，現在は社会福祉協議会を通じたフォーマルケアとして事業化されている。小林（2018）参照。

第6章　香港：インフォーマルケアとしてのフードバンクの発展と多様化

約37万トンである。先述した香港特別区の削減目標より，最大でその10％にあたる3〜4万トンの一部がFB活動に有効活用される枠組みで，活動の支援策が進む可能性がある。

### 3）ソーシャルビジネスとしての展開

香港FB活動のフォーマル化が進むかどうかは予断を許さないが，香港特別区政府としては，高齢化に伴う所得格差問題が深刻化している点でも，FB活動を強化せざるを得ない状況にある。特に，現状のICとしての枠組みにおける香港FB活動が，どのように取扱量を拡大させるかが社会的な課題となるだろう。

現在，香港では2012年に発足した特別区扶貧委員会（Commission on Poverty：CoP）が，政府の貧困解消プログラムの運営，監視を実施しており，企業に対しても，政府やNGOの貧困解消努力に貢献するように求めている。また，委員会の4つのタスクフォースのうち，社会先進起業ファンドタスクフォース（Social Innovation and Entrepreneurship Development Fund Task Force：以下SIEタスクフォース）では，ソーシャルビジネスの創出のため50億HK＄を拠出し，2013年末時点で457（前年比で13％増）のソーシャルビジネス（Social Enterprise Project）が育成されている。SIEタスクフォースは，なかでも食料支援について，「①情報の欠如，②需給アンマッチ，③高いランニングコストに直面している」として懸念を表明し，香港全体での効率化と効果の強化を推進するフラグシップ・プロジェクトを引き受けることを表明した[10]。

香港の寄付金は，横浜（2015）が示す「慈善基金」や「慈善団体」を通す方法のほか，銀行がCSRとして寄付するソーシャルビジネスのコンペも開催されている[11]。これは，補助金に頼らないICとしてFB活動が持続的に発展

---

(10) SIEタスクフォース　ホームページ　Food Support Flagship Projectより
(11) DBS Bank（Hong Kong）プレスリリース（2015）*DBS SOCIAL ENTERPRISE ADVANCEMENT GRANT 2015 ANNNOUNCES 12 FINALISTS*より。

してゆくために非常に重要な枠組みが整備されつつあると評価できる。

　香港におけるFB活動の多様化は，まだその歴史が浅いため，今後の経過も注目する必要がある。しかし，農林水産省がFB活動を主導する日本や，健康福祉部と社会福祉協議会がフォーマルケアとして実施している韓国と比較した場合に，非常に示唆に富む事例となる。少なくとも，担当行政が異なるという意味では，東アジアのFBの発展には多様性がみられることは明らかであり，その相違を認識することは，各国の取り組みを分析する上で重要な視角である。

**参考文献**
［1］姜仁姫著（玄順恵訳）（2000）『韓国食生活史』藤原書店
［2］小林富雄（2018）『改訂新版　食品ロスの経済学』農林統計出版
［3］サルバドール・カリージョ（岡部拓訳）（2011）「メキシコのインフォーマル経済部門と自己雇用事業」『ラテンアメリカレポート』Vol.28　No.1
［4］澤田ゆかり（2009）「香港における高齢化と生活保障」『新興諸国における高齢者の生活保障システム』アジア経済研究所
［5］中島民恵子・田嶋香苗・金圓景・奥田佑子・冷水豊・平野隆之（2011）「地域特性に即したインフォーマルケアの実践課題抽出の試み（2）」『日本福祉大学社会福祉論集』第125号
［6］横浜勇樹（2015）「香港の福祉NGOの事業展開に関する研究」『大阪大谷大学紀要』49号，pp.41-61
［7］O'Donnell, T. H., Deutsch J., Yungmann, C., Zeitz , A., Katz, S. H. (2015), New Sustainable Market Opportunities for Surplus Food: A Food System-Sensitive Methodology (FSSM), Food and Nutrition Sciences, 2015, 6, 883-892
［8］Tarasuk, Valerie and Joan M. Eakin, (2005), "Food assistance through "surplus" food: Insights from an ethnographic study of food bank work." Agriculture and Human Values Springer Netherlands. Volume 22, Number 2. pp.177-186.

**参考ウェブサイト（すべて2018年8月6日閲覧）**
［1］Bo Charity Foundation（Food Angel）　http://www.foodangel.org.hk/en/index.php
［2］Feeding Hong Kong　http://feedinghk.org/
［3］Food Link Foundation　http://www.foodlinkfoundation.org/

第6章　香港：インフォーマルケアとしてのフードバンクの発展と多様化

［4］People's Food Bank　http://foodbank.sjs.org.hk/en/home.action
［5］Food Wise Hong Kong　http://www.foodwisehk.gov.hk/en/
［6］SIEタスクフォースFood Support Flagship Project　http://www.sie.gov.hk/en/flagship/food-support.page
［7］SoCO (Society for Community Organization)　http://www.soco.org.hk/index_e.htm
［8］HKCSS（The Hong Kong Council of Social Service）　http://www.hkcss.org.hk/e/default.asp
［9］Bi-DAILYSUN New York　http://www.dailysunny.com/2015/11/25/nynews1125-7/

（小林富雄・佐藤敦信）

## 第7章

# 台湾：カルフールの取組と台中市地方条例制定への進展

### 第1節　課題の設定

　フードバンク（以下，FB）は，貧困問題を解決する福祉だけでなく，食品廃棄物に関わる環境問題の解決や農産物の需給調整など，多面的な機能を有している（Paco et.al（2012），Tarasuk et.al（2014），Gonzalez-Torre et.al（2016））。このようなFBは，第6章で指摘した「行政の指導の下で行われず，国家の統計や記録に含まれていない」香港のインフォーマルなFB活動だけではなく，第3章で明らかにしたように，政府が公的資金を用いるフォーマルケアとしてFBを後押しすることが見込まれるほど，その公益性が高まっている。しかし，日本をはじめ，世界にはフォーマルな政府支援はもとより，法整備が遅れるなどしてFBが普及していない国も多い。その理由の一つとして，FBが多面的機能を有しているがゆえに国の行政所管が複数にまたがり，その調整が困難であることがあげられる（Kobayashi（2016））。
　このような課題が存在する中，台湾台中市は地方条例というこれまでにないアプローチでFB推進を模索している。その背景には，後述の調査でも示されるように，台湾FBにおける食品寄付の大部分をフランス資本のカルフール台湾が行っており，2017年1月に12店舗だった寄付が8月には100店舗に達していることがある。また同社の寄付量も同期間で3.5倍に急伸したという実績がある。
　そこで，本章では取組の黎明期にある台湾台中市を中心にFB活動を概観し，カルフール台湾における食品寄付活動を事例として，FBの多面的機能が調

整されたことで，その取組が短期間で拡大した背景とその展望について考察する。

方法については，2017年8月28日〜30日にかけて対面式の質的調査（On-site interview）を実施した。対象は，FB団体[1]，流通事業者（カルフール台湾，飲食店，福祉カフェ）の各組織の責任者，大学研究者である。質問内容は，先ずWebや新聞記事などによる灰色文献の調査により数値的な寄付食品に関わるデータ収集をした。また，それを補完する内容をE-mailにより事前送付し，半構造化されたデプスインタビューを各対象に平均1時間以上実施した。さらに，追加的な質問や事後的な確認などもE-mailにより質問した。

上記の課題に接近するため，本章では，第2節で台湾の貧困問題，食品廃棄物問題，各FBの拡充を受けて制定された地方条例の概要，第3節で台湾フードバンク連合会およびその加盟FBの事業拡充，第4節でそれらFBを支えるカルフールの取組についてそれぞれ整理する。その結果を受け，第5節ではFBの取組が拡大した要因について考察する。

## 第2節　台湾における貧困問題と食品廃棄物問題の概況

### 1）台湾経済と貧困問題

これまで台湾では，経済発展の中で一人当たりGDPは増加してきたが，それと同時に低所得者数も増加傾向にある。台湾は，衛生福利部を主管機関とする社会救助法に基づき，いわゆる生活保護のような低所得者などへの生活扶助を進めており，同法第1条では，低所得者と中低所得者の生活保障および被災者の救助，その自立を助けることを目的とすると定めている。また，同法第11条では，給付額は行政院や直轄市政府が各地の収入の差異に基づき

---

(1) 対象としたFBは，1919フードバンクおよび同台中園区，ANDREWフードバンク，紅十字会台中市支会緑川フードバンク，基督教大慶フードバンク，南機場臻吉祥フードバンクである。

第7章　台湾：カルフールの取組と台中市地方条例制定への進展

表7-1　台湾のGDPと低所得者数，中低所得者数

| 年次 | 名目GDP（億台湾元） | 一人当たりGDP（台湾元） | 総人口（万人） | 低所得者数（万人） | 比率（％） | 中低所得者数（万人） | 比率（％） |
|---|---|---|---|---|---|---|---|
| 2005 | 120,923 | 532,001 | 2,277.0 | 21.1 | 0.9 | — | — |
| 2010 | 141,192 | 610,140 | 2,316.2 | 27.3 | 1.2 | — | — |
| 2015 | 167,590 | 714,277 | 2,349.2 | 34.2 | 1.5 | 35.6 | 1.5 |

資料：中華民国統計資訊網（www.stat.gov.tw）および衛生福利部「社会福利統計」（https://www.mohw.gov.tw/mp-1.html）より作成。ともに2017年10月19日閲覧。

注：1）中低所得者の区分は，2010年の社会救助法の改定で新しく設けられた。
　　2）低所得と中低所得の定義は，各市で異なっている。例えば台中市としての定義をみると，低所得家庭は，収入面でみると「世帯人員全員が就業できず，かつ収入のない場合」，「就業可能者が総世帯人員の3分の1以下で，かつ総収入を世帯人員数で除した場合，毎月基準となる最低生活費（2015年における台中市の最低生活費は1万1,860台湾元であった。）の3分の2以下になる場合」，「総収入を世帯人員数で除した場合，毎月基準となる最低生活費の3分の2を超えるが，最低生活費以下となる場合」の3区分としている。資産でみると，動産は一人当たり7万5,000台湾元，不動産は各家庭352万台湾元をそれぞれ上限額としている。また，中低所得家庭については，収入面でみると，家庭の総収入を世帯人員数で除した場合の額が，各市が設定した基準額を上回らないこととしており，台中市の場合，その額は月1万6,626台湾元と設定されている。資産面でみると，動産は一人当たり11万2,500台湾元，不動産は各家庭528万台湾元をそれぞれ上限額としている。

それぞれ改定し，4年に一度，行政院主計総処が発布する過去1年の消費者物価指数と前回調整した際に用いた消費者物価指数を比較し調整するとされている。

**表7-1**は，近年のGDPと人口の推移，低所得者数および中低所得者数を表したものである。2005年と2015年を比較すると，総人口は2,277.0万人から2,349.2万人へと徐々に増加している。一方，低所得者と認定された者も21.1万人から34.2万人と比較的急速に増加しており，結果として総人口に占める低所得者数の比率も上昇している。また，中低所得者数も2015年には低所得者数とほぼ同程度いるとされている。

また，台湾の行政院主計総処「2016年社会保障支出統計」によると，2016年の台湾の社会保障支出は1兆8,394億台湾元でGDPに占める比率は10.7％となっている。OECD.Statでは，同年のOECD各国における社会保障支出の

GDPに占める比率の平均値が21.0％となっており[2]，OECD加盟国と比較すると，台湾の比率は低く，低所得者および中低所得者への補助を含めた社会保障の拡充が徐々に重要になっている。特に2016年の社会保障給付の内訳をみると，高齢者が9,166億台湾元と最もシェアが大きくなっており，上村（2016）では，①年金加入率をみると国民皆保険が達成されている状況とは言えず，生活保護や高齢者手当の重要性が増していること，②年金受給額をみると，公務員，教員，軍人が一般の労働者を大幅に上回っており，職域間で格差があるという課題が指摘されている。そうした状況下で，台湾でも，金銭だけでなく，公平性，誠実性，信頼感，健全性により社会の幸福感を高めることが必要であるという考えが生まれた[3]。

## 2）台湾の食品廃棄物問題

表7-2は台湾の分別回収された廃棄食品量と，方法別処理量の推移を整理したものである[4]。行政院環境保護署『中華民国環境保護統計年報』に分別回収された廃棄食品が記載されるようになった2003年からの推移をみると，その量は2012年まで増加傾向を示しており，総廃棄量に占める比率も上昇していた[5]。また，これまで廃棄された食品の処理方法は，豚の飼料や堆肥化するのが一般的であった。杉村ら（2014）でも言及されているように，2000年以降，台北市では，家庭ごみを有料化すると同時に，食品廃棄物（生ごみ）だけは無償で分別回収するようになった。生ごみの回収方法は，後部

---

（2）OECD.Stat，2018年3月5日閲覧。ただし，2016年のOECD各国の平均値は，カナダ，チリ，ニュージーランドは2015年の数値，トルコは2014年の数値，日本は2013年の数値，メキシコは2012年の数値で算出されている。
（3）呂建德「台中市食物銀行自治条例専題報告」。
（4）行政院環境保護署による「一般廃棄物回収清除去処理弁法」第2条第4項では，食品廃棄物について，「廃棄された生鮮や加工食品，加工残渣，有機的廃棄物で，主管機関の公告では一般廃棄物に分類される」としている。
（5）一般に人口密度が高いアジア諸国ではフードロス問題が公衆衛生上の問題も含めて深刻化しやすいため，食品廃棄物対策は近年重要になっていると推測される。

第 7 章　台湾：カルフールの取組と台中市地方条例制定への進展

表 7-2　台湾の分別回収された廃棄食品量と処理方法

単位：トン　％

| 年次 | 食品廃棄量 | | 堆肥化 | 豚の飼料 | その他 |
|---|---|---|---|---|---|
| 2003 | 168,601 | (2.2) | 23,092 | 140,090 | 5,419 |
| 2004 | 299,265 | (3.9) | 66,839 | 223,765 | 8,661 |
| 2005 | 464,201 | (5.9) | 97,535 | 359,821 | 6,844 |
| 2006 | 570,176 | (7.3) | 112,666 | 452,550 | 4,961 |
| 2007 | 662,791 | (8.3) | 144,626 | 514,230 | 3,934 |
| 2008 | 691,194 | (9.2) | 164,586 | 522,854 | 3,754 |
| 2009 | 721,472 | (9.3) | 179,306 | 537,881 | 4,284 |
| 2010 | 769,164 | (9.7) | 208,881 | 554,245 | 6,038 |
| 2011 | 811,199 | (10.7) | 261,532 | 545,610 | 4,057 |
| 2012 | 834,541 | (11.3) | 243,840 | 588,808 | 1,893 |
| 2013 | 795,213 | (10.8) | 226,074 | 567,621 | 1,519 |
| 2014 | 720,373 | (9.8) | 204,472 | 514,770 | 1,132 |
| 2015 | 609,706 | (8.4) | 197,107 | 408,524 | 4,076 |
| 2016 | 575,932 | (7.7) | 197,307 | 372,280 | 6,346 |

資料：行政院環境保護署『中華民国環境保護統計年報 106 年』
　　（https://www.epa.gov.tw/np.asp?ctNode=31054&mp=epa）より作成。
　　2017 年 10 月 10 日閲覧。
注：括弧内の数値は，総廃棄量に占める分別回収された廃棄食品量の比率
　　である。

に 2 つのポリバケツを搭載したごみ収集パッカー車が，月，火，木，金，土曜日の週 5 回市内を巡回し，市民は 2 種類に分別[6]した食品廃棄物をそれぞれのポリバケツへ直接投入するというものである。ただし，筆者らのヒアリングによれば，パッカー車の回収時間が固定されており，仕事の都合などで有料の家庭ごみとして排出するケースも多いという。2017 年 9 月 25 日に行政院環境保護署廃管処が発表した記事「搶救剰食大作戦　環保署力推剰食循環経済」でも指摘されているように，未開封で期限が切れてしまったり，外観が悪かったりしたために廃棄される食品は 3 万 6,000 トンになり，これは金額に換算すると 38 億台湾元に相当し，台湾域内でフードロスは依然として

---

(6) 杉村ら（2014）によれば，2 種類のポリバケツは堆肥用と養豚用である。分別の基準は具体的に示されており，堆肥向けは果実の皮，草花や葉，茶殻や卵の殻，貝殻など，飼料向けは果実の実，野菜，米飯，小麦など主に可食部となっている。

大きな問題となっていると考えられる。

　その対応についてみると，台湾でも，一行政機関がフードロス対策の全てを担っているというわけではない。食料生産，余剰食品の受給者，食品廃棄の処理過程は，それぞれの業務属性に基づき，農業委員会，衛生福利部食品薬物管理署，環境保護署などの管轄になっている。

　食品が寄付される場合，台湾当局は，実際には地方政府の社会局が食品の寄付を受け入れているが，中央政府の主管機関は，衛生福利部社会救助及社工司であり，地方政府の資源を活用したFBを推進するのを監督および指導することが業務に含まれる。

　その他，外食産業での事業廃棄物の処理および再利用の促進のため，衛生福利部は2017年から施行された「餐館業事業廃棄物再利用管理弁法」に基づき，①外食産業の事業廃棄物の中での食品廃棄物と食用油の再利用，②外食産業が処理および再利用を委託する前の，受託機関との契約の締結および記録作成の義務化，③該当する弁法がない，またはその他の関連する法規が規定する廃棄物の再利用については，衛生福利部への申請を義務化した上で採用することなどを定めている。外食産業の事業者は，事業廃棄物を再利用しない場合，法規に基づき処理しなければならない。そして，関連する契約を締結せず，記録していない場合，6,000〜3万台湾元の罰金を科すことができる。さらに，期限までに改善されていない場合は，日数に基づき罰金の額が増え続ける。

　先の1）で述べたようにFBの対象となる生活困窮者が比較的多いと推測される低所得者層が人数・比率ともに上昇傾向にある一方で社会保障支出は比較的低いこと，さらに，**表7-2**の括弧内で示した分別回収の比率が2012年をピークに，その後，低下傾向にあることから，上記の行政機関の業務・法規のもとでFBのもつ多面的機能が果たす役割は大きくなり，これによりFBは増加してきたと考えられる。

第7章　台湾：カルフールの取組と台中市地方条例制定への進展

### 3）台中市フードバンク自治条例

　現在，台湾では余剰食品の分配に関する法律がなく，比較的近い法律として前述の社会救助法がある。社会救助法は生活扶助を担うものであるが，現金給付を原則としており，食品をはじめとする現物での支給については明確に定められていない[7]。そのため，台湾域内で，失業や収入低下，食糧危機，社会福祉の限界がある中，FBを規定するフードバンク法（食物銀行法）の制定が検討されている。

　これに先立ち，台中市は物資の浪費対策とFBの健全な発展，そして社会保障ネットワークのさらなる充実を図るため[8]，2016年に台中市フードバンク自治条例（台中市食物銀行自治条例）を公布した。台中市は，社会の発展のため，民間の力を活用し，人材や資金，およびそれらに関する権限を民間団体に与え，それにより社会の均衡や協力関係の醸成を促すことを目指している。その中で，FBについては，①広域でのコミュニティに根ざしたFBの設立，②市政府の余剰農産物の買い取り，③大規模冷蔵倉庫と物流の構築，④コンビニと共同での飢餓撲滅ネットワーク，⑤FBの法制化を重点目標としていた。

　台中市では，2009～2010年にFBの萌芽がみられ，元台中市に貯蔵センター1か所，物資発送所5か所，専門サービスが設置され，また，元台中県には短期食料援助サービスセンター3か所，福祉拠点17か所が設置されており，これらを基礎としてFBが発展してきた[9]。2011年には市政府社会局が管轄するフードバンク行政センターが設立され，27拠点から毎月発送されるようになる。2012～2014年には台湾で最初のFBが設立されるとともに，貯蔵管

---

(7) 社会救助法第11条では，生活扶助は現金給付を原則とするが，実際の需要により適切な社会救助機構，社会福祉機構，その他の家庭が収めるべき場合もあると規定されている。
(8) 台中市フードバンク自治条例第1条。
(9) 元台中市と元台中県は2010年に合併し，現在の台中市になった。

理システムや個別案件管理システムが構想され，社会の中にある各種資源の取り込みの拡大が図られている。そして，2015年以降は，FBの法制化，コミュニティ密着化，大型貯蔵施設の広域活用を目指している。

台中市フードバンク自治条例は全18項目の条項から構成されており，主にFBの事業推進のために，同条例の主管機関となる社会局[10]などの役割について定めている。ここで注目すべきなのは，先述のとおり，従来の社会救助法では現金給付を原則としていたが，台中市フードバンク自治条例は第3条において，現金給付ではなく生活困窮者や被災者に対して食品やその他の物資を提供することを謳っている点である。そして，第4条において，そのための形態として非営利のFBが必要であるとして，社会局が自ら設立させるか，公益社団法人あるいは財団法人に委託する，または民間団体が自発的に設立することを想定している。

また，台中市フードバンク自治条例では，台中市社会局の受給者受付，社会局によるFB振興，FBの役割，その他の台中市政府の役割について規定されている。その内容は表7-3のとおりである。社会局による受給者受付については，第6条での受給資格，受給優先順位，受給期間は社会局が定めること[11]，第7条での申請の受付や審査は社会局が各区役所や各団体に委託することなどが規定されている。社会局によるFB振興については，第5条でのFBとしての活動に対して補助し協力することなどが定められている。また，FBの役割については，第12条でFBを運営している団体における物資の募集や受け入れの際には，適切な管理と運用をして公開することや，個人および団体が物資を寄付する場合は関連する税法の減免措置を受けられることなどが規定されている。その他の台中市政府の役割については，第13～16条で衛生局，教育局，農業局のFBに対する取組内容などが定められている。以上のように，台中市フードバンク自治条例は，官民一体となりFBの事業を推

---

(10)台中市フードバンク自治条例第2条。
(11)受給者は生活困窮者であり，法による社会保障や各種補助を受けているかどうかで制限されない。

第7章　台湾：カルフールの取組と台中市地方条例制定への進展

**表7-3　台中市フードバンク自治条例の主な規定内容**

| 主な規定内容 | 条項 | |
|---|---|---|
| 社会局による受給者受付 | 第6条 | 受給資格，受給優先順位，受給期間は社会局が定める。 |
| | 第7条 | 受給家庭の申請の受付や審査に関する業務は社会局が各区役所や各団体に委託することで行う。 |
| | 第8条 | 社会局が受給家庭の名簿を作成し定期的に更新していく。 |
| | 第9条 | 社会局は受給家庭の名簿および必要な補助を，自らFBを設立し社会保障に関する業務を行う民間団体に提供する。 |
| 社会局によるFB振興 | 第5条 | 社会局は予算を組み，受託団体がFBとして活動するのに必要な補助を提供するとともに，必要な場所についても取得できるように協力する。 |
| | 第10条 | 社会局はFBへの物資の寄付，あるいはFB関連の業務について，特に重要な貢献をした者を表彰する。 |
| FBの役割 | 第11条 | 第4条に基づき設立されたFBは，余剰物資を民間団体が自ら運営するFBあるいはその他の関連する公益活動に従事している社会福祉団体に提供しなければならない。 |
| | 第12条 | FBを運営している団体における物資の募集，個人や団体が寄付した物資の受け入れの際には，適切な管理と運用をして公開すべきで，団体の物資募集，募金およびその管理は，公益募金条例（公益勧募条例）の規定に基づくものとして，個人や団体が物資を寄付する場合は関連する税法の減免措置を受けられる。 |
| | 第17条 | 災害発生時に受託団体は社会局の指示に基づきすぐに物資を提供し救助に参加し，救援物資が余った場合は，社会局はそれらをFBへ送る。 |
| その他の台中市政府の役割 | 第13条 | 台中市衛生局は適切な方法によりFBが給付する物資の衛生面，品質面に関して検査する。 |
| | 第14条 | 台中市教育局に所属する学校は毎学期，定期的に食品やその他の物資を募りFBに寄付する。 |
| | 第15条 | 台中市農業局は市内の農産物市場を調整し買い取り，FBが必要な物資として社会局に提供する。 |
| | 第16条 | 台中市政府機関は食品企業がFBに物資を寄付するのを奨励し支援する。 |

資料：台中市フードバンク自治条例。
（http://www.rootlaw.com.tw/LawContent.aspx?LawID=B090090000009800-1050118）より作成。
2017年10月10日閲覧。

進するというだけでなく，台中市政府内で各局が連携することも目指しているのである。

**4）台湾の生鮮農産物における需給調整問題**

　自由時報の報道[12]によると，台湾域内の台湾鯛の養殖が拡大し過ぎたため，行政院農業委員会漁業署は，2017年9月30日に買い取りによる価格調整

---

(12) 自由時報ホームページ「漁業署送1萬箱台湾鯛　中市食物銀行首獲贈生鮮食材」。

*147*

を実施した。買い取った1万箱の台湾鯛は,台中市のFBに提供されたという。物流は,台湾の物流最大手のケリーTJロジスティクス（嘉里大栄物流）が無償で実施した。今後,台中市フードバンク自治条例の第15条にあるように,このような行政から食材を提供されるケースも増えていくと考えられる。

## 第3節　台湾FBにおける提供体制の拡充

### 1）赤十字（中華民国紅十字会）台中支社

　台湾の赤十字では台中支社が中心となり,2016年に台湾フードバンク連合会（Alliance of Taiwan Foodbanks：ATF）が設立されている。同支社の事務総長は,ATFのトップ（秘書長）に加え台中市政府の市政顧問も務めている。台中支社でも紅十字会台中市支会緑川フードバンクというFBを運営しており,図7-1のようにドナーである後述のカルフール台湾はその各店舗周辺に位置する60のFBとATFを通じて連携している。カルフール台湾へのヒアリングでは,これは台湾のFBの90％を占めるとのことである。台湾

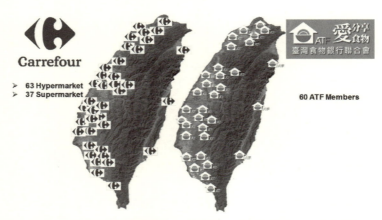

図7-1　カルフールの店舗（100店舗）と台湾フードバンク連合会（60メンバー）の立地

資料：2017 APEC Expert Consultation on Food Losses and Waste Reduction

域内のキリスト教系の1919フードバンクのほか，台中市衡山フードバンク，南機場臻吉祥フードバンクなどのコミュニティに根ざしたFBも加盟している。

ATFの業務としては，①台湾域内の資源管理システムとそのネットワークの構築，②政策的提言および立法の推進，フードロスや飢餓，貧困に関する研究，③国内外の交流，④政府と民間団体の資源の整合と合作プラットフォームの構築，⑤支援物資の統一管理と支援プラットフォームの構築などが挙げられる。

ATFが推進しているのは，卸売業的な大規模FBを作るのではなく，コミュニティに根ざしたFBを各地に設置し，食品加工企業や卸売業，小売店，家庭，学校，行政院農業委員会から余剰食料を調達し，場合によってはFB間で在庫を融通しあい生活困窮家庭へ支給する水平的なネットワークモデルである。そこではカルフールが重要な役割を担っていることはいうまでもない。各FBは，協会，宗教団体，ケアセンターなどと政府の協働により運営され，カルフールといった小売業やメーカー，飲食店などから食料や日用品を受け取り，ボランティアがコミュニティの生活困窮者に支給している。FBの立地については，即時対応を可能にするという観点から，対象家庭の近隣に設置している。

ただし，**図7-1**からも分かるように，カルフールがあまり出店していない台湾東部については，ATFの拠点が少なく当該地域の生活困窮者への対応は今後の重要な課題になると考えられる。各市県の人口に占める低所得者数の比率をみると，2017年12月時点では，台湾全体で1.35％となっている中で，東部に位置する台東県は4.52％，花蓮県は2.48％と高い数値を示している [13]。

## 2）1919フードバンク

1919フードバンク（以下，1919）は，1998年に設立された中華基督教救助

---

(13) 衛生福利部統計処「社会福利統計」および内政部戸政司全球資訊網「人口統計資料庫」より。ともに2018年3月12日閲覧。

協会によって取り組まれている活動の一部で,「1919」というのは「angel, angel」という意味である。2010年12月に試験的に物資を配送し,その後2011年に高雄市,屏東県,台東県などの八八水害で被害が大きかった地域で正式にサービスを展開した。社団法人中華基督教救助協会（2016）によると,同協会の2016年の総収入は2.7億台湾元であり,そのうちFBとしての収入は5,817万台湾元と総収入の21.5％を占めている。1919の事業内容は以下の3つである。

### (1) 食料パックの配送

台湾域内の465の1919サービスセンターを通じて生活困窮家庭に対して食料パックを配送している。2016年までに寄付され支給した物資は1,305種で,市場価格にして2億8,490万台湾元になる。そして,その8割以上が企業からの寄付である。サービスの対象は,天災や不慮の事故により困窮状態に陥った家庭,および片親家庭,共働きなどにより祖父母に子供を預ける家庭,身体障碍者,独居老人,中低所得者などの経済的弱者である。これらの対象になると考えられる者は,1919サービスセンターがFB設立の趣旨,サービス対象,プロジェクト予算に則り,受給者資格を1919の評価基準（家庭内の就労人数や収入源,収入,社会福祉の補助状況など）をもとに審査し,中華基督教救助協会が最終的に決定する。審査通過件数は,2012年3,397戸（審査通過率は93.8％）,2014年4,325戸（同93.1％）,2016年5,040戸（同95.0％）と増加傾向にあり[14],それとともに,支給する食料パック数も1万7,810パック,2万3,413パック,2万3,553パックと増加している。

1919では,研修を受けたボランティアがまず各地の集散拠点で物資を受け

---

(14) 2012年,2014年,2016年の総受給者数は,1万68人,1万3,949人,1万5,883人となる。また,2016年の受給者のうち,876戸が政府の低所得家庭に,502戸が中低所得家庭に認定されているが,その他は生活保障に組み込まれていない。そのため,1919の主たる対象は,このような社会福祉から外れた家庭とも考えられる。

第7章　台湾：カルフールの取組と台中市地方条例制定への進展

取り，各コミュニティの1919サービスセンターに配送し，各食品を整理して食料パックにした後，受給家庭へ送る。これは，特に独居老人や障碍者などは自ら受け取りに来ることができるとは限らないからである。サービスの原則として，①経済的に最も困窮している家庭に対して，一部の基本的生活必需品[15]を補助し，このような家庭に全ての生活物資を提供するわけではないこと，②長期的配慮を目指し，対象家庭が，抽選ではなく，平等に分配されるか順番に受け取ることができるようにすること，③1919のボランティアにより自発的に各家庭に食料パックを配送し，同時に，家庭状況から各家庭の需要を調査することを掲げている[16]。家庭調査では，独居老人宅の片づけや病人の看護，社会福祉の申請，話し相手，同伴など，その他の必要なサービスも提供する。

　1919はホームページなどを通じて必要な物資を募集し[17]，寄付されたものを各集散拠点に配送している。その一方で，各サービスセンターは，評価とチェック後に生活困窮家庭の名簿を1919に提出する。1919の最終確認が終わると，サービスセンターは各家庭に食料パックを配送し，その後，状況を確認し記録する。

（2）特定区域の支援

　都市部や交通網が整備されている地区を対象に，やや離れている地域からでも受給者が利用できるように，1919は，2015年12月に新北市蘆洲区に最初

---

(15) 1919が配送している食料パックは，基本的に1パック当たり市場価格2,500台湾元で設定されており，内容は，主食（米，麺類など），栄養補助食品（粉ミルク，オートミールなど），副食（缶詰，サラダ油，醤油など），生活用品（歯ブラシ，練り歯磨き，洗剤など），その他（食品，メーカーから寄付された日用品）で構成される。また，一部の家庭では必要としている紙おむつなどの物資が含まれる場合もある。このような個別案件については，1919のホームページで受け付けている。
(16) 1919の受給者のうち，75％は同FBのサービスセンターが発見した生活困窮家庭である。
(17) 個人・企業ともに物資の寄付を受け入れているが，古着は受け入れていない。

第Ⅰ部　世界のフードバンクとその多様性

図7-2　1919蘆洲ステーションの支援世帯数の推移

資料：1919内部資料より作成。

の区域型FBの実店舗を設立し，さらに多くの即時性のある物資の受け入れを始めた。同時に，店内に財産，債務協議，健康などに関する実用的な課程が受講できる教室も設置し，受給家庭の心理的サポートと技能習得を目指している[18]。図7-2のように，事業開始以降，順調に支援世帯を増加させており，2016年時点では年間延べ127戸の生活困窮家庭がサービスを受け，その人数は507人となっている。取扱物資は640種以上で，市場価格に換算すると128万台湾元以上になる。

　その一方で，交通が便利とは言えない地区や，単一のコミュニティサービスセンターしかない地区に対しては，2016年より，サービスセンターのコミュニティ関連業務を移管させ，直接，突発的に発生するコミュニティの生活困窮家庭の需要に対応できるようにした。まず桃園市において試験的に3店舗設立し，それぞれの店舗では，毎月10〜30戸の生活困窮家庭がサービスを受けていた。2017年には正式にコミュニティ対応型1919の実店舗が運営されるようになり，桃園市の3店舗以外にも，高雄市や花蓮県にそれぞれ1店舗ずつ開設された。

### （3）産業団地の設立

　2017年3月，1919は台中市に食材の回収，セントラルキッチン，中央倉庫，FBの実店舗，食育教室を核とするFB団地（1919食物銀行台中園区）を設立

---

[18] 技能習得のための課程はすでに13回開設され，今後，台中市，台東県，台南市，台北市でも同様の店舗を設立していく予定である。

第7章 台湾：カルフールの取組と台中市地方条例制定への進展

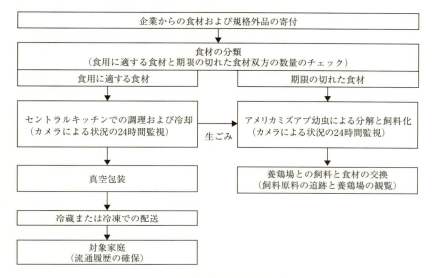

**図7-3　1919のFB団地の概要**

資料：1919でのヒアリング調査により作成。

した。まず，市場やスーパーが提供する生鮮農産物やパン，または生産過程の中で発生した農産物の規格外品が回収され，1919のボランティアが整理し包装する。また，外部からの寄付や回収により調達した一部食材[19]は，図7-3のように団地内のHACCP認証（申請中）に適合したセントラルキッチンで調理，冷却され，真空パックで包装される。その後，団地内にある中央倉庫に搬入される。このような一連の在庫はITを用いて一元管理されており，特に仕入れ時にはスマートフォンでカメラ撮影する在庫管理システムを導入し，品目，日時，量，担当者などを自動的に記録する。セントラルキッチンでも食材管理にITを用い，各工程の温度管理もモニターで一元管理できるようになっている。セントラルキッチンに搬入される時点で消費期限の切れ

---

(19) 先述のとおり，台中市のFBは2017年9月30日に行政院農業委員会漁業署から台湾鯛の寄付を受けている。ヒアリングによると1919では1万箱のうち400箱を受け取ったという。

ていた食材および調理の過程で発生した生ごみは敷地内の別棟内でアメリカミズアブ幼虫の養殖に使われ，その後アメリカミズアブ幼虫は提携している養鶏場へ輸送され飼料として利用される。養鶏場側ではFB団地から輸送された飼料とその養殖過程について追跡できる。また，1919は飼料を提供する代わりに食材として鶏肉を受け取っており，養鶏場の状況を随時確認できるようになっている。

中央倉庫は約600m$^2$で，倉庫内は144の貯蔵スペースに分かれている。この倉庫は1919の集散拠点になっており，台中市，彰化県，南投県，雲林県，嘉義県のサービスセンターのボランティアが2か月ごとにここから食料パックを受け取る。この台中市の産業団地で調理された食品は，冷凍車で，生活困窮児童やシニアクラブに配送される。そして，深刻な災害が発生した場合は，被災者や救助隊員への食事にも充てられる。

また，団地内にはFBの実店舗が設置されており，審査の上で生活困窮家庭が利用でき，3か月連続で食品と日用品を取りに来ることができるようにしている。さらに，団地を，浪費反対，資源永続に関する活動のために開放し，食料の安定供給や食育の認知度を向上させようとしている。

3）ANDREWフードバンク

社団法人中華安得烈慈善協会は2011年に設立され，ANDREWフードバンク（以下，ANDREW）の推進を主な事業として，簡便性があり長期保存できる食品を詰め合わせた食料パックで成長段階の児童を支援している。中長期的に食料パックで支援し，清貧で生活困窮家庭の児童が健康的に成長し飢えに苦しまないようにすると同時に，その家庭の極度な貧困も解消させ，経済的立て直しを図っている。現在，新北市の本部の他に，台中市，台南市，高雄市にも事務所を設けている。

ANDREWは，支援を必要としている児童を支え続けることを目的としているが，その経費は中華安得烈慈善協会の支持者の寄付によるものである。3か月を1期と捉え，各期終了後，中華安得烈慈善協会のボランティアは各

第7章 台湾：カルフールの取組と台中市地方条例制定への進展

児童の状況を確認する。また，同協会も対象者に対して申請書類と電話，あるいは訪問による確認で，次期3か月の支援が必要かどうかを検討する[20]。

家庭環境や重大な災難により生活を維持できないと判断される児童が発見された場合，学校や教会，村内の行政職員，慈善団体を通じて，ANDREWに申請書と，戸籍謄本，低収入証明書，児童の写真，障碍者の場合はそれに関する証明書を提出することにより申請できる。申請書には，児童と教師などの仲介者の連絡先や，児童の家族構成[21]，仲介者による児童の評価を記入する必要がある。

対象となる生活困窮家庭の児童は，年齢が0〜15歳で，①栄養のある昼食をとるための金銭的余裕がなく，政府の低所得家庭に対する補助を受けられない貧困学生であること，②低所得家庭の貧困学生で，世帯の年間所得が35万台湾元以下で，両親や当事者名義の不動産がないこと，③例えば，死亡や重大な病気，交通事故など，家計負担者やその家庭の突発的事情により深刻な影響を受けた者としている。申請後，児童の状況を精査した上で，対象者名簿に登録される。

ANDREWが支給する食料は，大きく基本食料パック，速達食料パック，嬰児食料パック[22]の3つに分けられる。そのうち，基本食料パックは，各回の支給期間が3か月で，3〜15歳の児童に対し，保存期間が3か月以上の米，麺類，乾パン，缶詰などのインスタント食品を主として1パックずつ支給されている。それぞれの食料パックには，中華安得烈慈善協会からの励ましの手紙や書籍も付属している。また，速達食料パックは，電話などでの連絡による緊急の個別案件が主となる。平均20分以内で必要となる物資を調達し，24時間以内に対象家庭に支給する。

---

(20) 状況に応じて，個別案件として食料パックの支給を義務教育終了までとすることができる。
(21) 就業者数や，持ち家か賃貸か，年収，交通手段，現金または食品に関する民間の社会保障の利用状況も回答する。
(22) 嬰児食料パックの対象は，0〜12か月の生活困窮家庭の嬰児であり，その他の要件は，基本食料パックと同様である。

第Ⅰ部　世界のフードバンクとその多様性

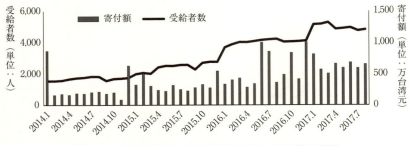

図7-4　ANDREWにおける受給者数と寄付額の推移

資料：社団法人中華安得烈慈善協会ホームページ（https://www.chaca.org.tw/?）より作成。2017年10月8日閲覧。

　ANDREWはホームページ上で，各月の受給者数，寄付額，寄付物資を公表している。図7-4は，ANDREWの受給者数と寄付額の推移を表したものである。2014年，2015年，2016年の1か月当たり平均寄付額をみると，270.7万台湾元/月，320.3万台湾元/月，564.4万台湾元/月と推移しており，急増と急減がみられる月もあるものの，概ね増加傾向にあると言える。また，寄付物資も，米や麺類，オートミール，調味料など多岐にわたっている。しかし，受給者数も増加しており，この傾向に対応していくには，今後も，寄付額や寄付物資の増加を促していく必要があると考えられる。

## 第4節　カルフール台湾の食品寄付活動

　カルフール台湾は，企業の社会的責任という観点から，財団法人カルフール文教基金会を1996年に設立し，芸術，教育，慈善活動，スポーツ振興などを推進している。そして，2011年にはカルフール文教基金会とカルフール集団基金が，台湾の赤十字の「寒冬送暖」活動に協賛し，十分な年越し料理を必要としている家庭に配送する食品寄付の取組を実施している。その後，カルフールがFB向けに食品の寄付を本格化させたのは，①ATFに協力するため，②食品廃棄を減少させるため，③社会的責任を深化させるためである。

第7章 台湾：カルフールの取組と台中市地方条例制定への進展

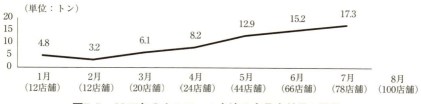

**図7-5 2017年のカルフール台湾の食品寄付量の推移**

資料：2017 APEC Expert Consultation on Food Losses and Waste Reduction。

　今や台湾最大のFBドナーとなったカルフール台湾は，1989年に1号店を出店して以降，域内で100店舗展開している。APECのFood Losses and Waste Reduction専門家会議資料によると2016年時点で，カルフール台湾では全売上のうち0.5％がロスになっている。そのうち70％をフードロスが占め，生鮮食品のロスに限ると全ロスのうち50％を占めるという。このような状況を打開するため，同社のCSR責任者の社員が，食品寄付が盛んなフランス本国のカルフール本社でFBに寄付するためのトレーニングを受け，それを同社内に展開している。またATFの設立と普及にも全面協力し，各店舗周辺でのFB設立にも協力している。目安としては，車で30分以内に運べる距離でNPOなどの受益者に引き取りに来てもらう。

　図7-5は2017年のカルフール台湾による食品寄付量の推移を表したものである。冒頭でも述べたように，食品寄付量は店舗数とともに増加傾向を示している。カルフール台湾は食品寄付を本格的に実施した2016年9月より1年間で10万835食にあたる量を寄付したという。そして，2017年は40万食，2018年には75万食分を寄付する計画とのことだった。現在は，生鮮ロス（生鮮3品と総菜）の20％が寄付されているが，40％が目標となっている。

　カルフール台湾独自に賞味期限が迫っている商品についてはマークダウン（値引き販売）などによりロス削減のマネジメントをしている。また，農家で天候不順などにより出荷不能となった規格外果実を使ったPBのアイスクリームを環境NPOと協力して製造，「醜果雪酪」というブランドで販売している。1本当たり29台湾元だが，3週間で3,000本を売り切ったという。し

*157*

第Ⅰ部　世界のフードバンクとその多様性

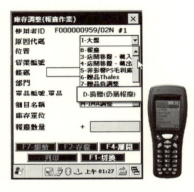

図7-6　寄付時の在庫調整に用いる
　　　　ハンディとシステム画面

資料：2017 APEC Expert Consultation on
Food Losses and Waste Reduction

かし，それでも売れない商品や外見上の破損については，品質に問題がないかを確認した後，図7-6のようなハンディでスキャンすることで在庫を抜き取り寄付に回すシステムを2017年10月より稼働させる。また店内には寄付BOXを設置し，会計後の顧客から食品を毎日回収し，ATFで連携しているFBに輸送する。この取組は台湾域内のカルフールで統一された取組として実施され，各店舗の全ての従業員において食品寄付の手順は周知徹底されている。

　また，カルフール文教基金会では3台の冷凍車，14軒のフードロス食材を利用したレストラン（Antiwaste Restaurants/ Kitchens），7つのコミュニティ冷蔵庫（Community Fridges）に出資している。レストランは，地域住民が安価で利用できるコミュニティにもなっており，地域の子どもの勉強や青年が起業の勉強をする場にも利用されている。コミュニティ冷蔵庫は，比較的貧困者の多い地域のFBやレストランの前に設置され，それぞれFBの担当者が定期的に寄付食材を投入し，それを地域の貧困者が取りに来るシステムである。冷蔵庫には，貧困者，食材寄付者に対する7項目の注意書きがあり，健全な利用拡大を促している。その注意書きとは，①期限が切れた食品は受け付けないこと，②食品の受け取りにはいかなる身分の条件もない。ただし，次に必要としている人を考えて適量を受け取ること，③受け取る際は消費期限に注意し期限内にできる限り早く食べること，④安心と健康のため冷蔵された食品は加熱後に食べること，⑤小さな利益を貪らず新たな浪費を生み出さないこと，⑥冷蔵庫の情報と浪費しないという理念を周囲の人たちにも知らせること，⑦食品の寄付については自ら調理し冷蔵庫に入れるの

第7章 台湾：カルフールの取組と台中市地方条例制定への進展

図7-7　台湾FBにおけるGISのモデル画像

資料：2017 APEC Expert Consultation on Food Losses and Waste Reduction

ではなく，カルフール文教基金会に連絡すること，以上である。さらにカルフール文教基金会では4軒の社会保障を目的とした食料雑貨店を開設しており，生活困窮家庭は，同店で必要物資を得られる。

今後は図7-7のようなGIS（Geographic Information System）によるマッチングシステムをATFに導入し，受益者のニーズを確認したり，地域ごとにボランティアの募集をしたりする手間を大幅に削減し，FBシステムを効率化させるという。

## 第5節　小括

本章では，ATFの中心的ドナーとなっているカルフール台湾の取組を事例として，台湾におけるFB活動が拡大した背景について考察した。

台湾においてもFBの取組や対象者が多様化している中，カルフール台湾は域内で統一されたシステムによる各FBへの食品寄付を増加させており，ATFという信頼できるネットワークと連携しながら自社店舗の近隣に設立されたFBに食品を寄付し，台湾の広域を網羅している。FBは自らの理念に基づき各地域の対象者に物資を提供し，それぞれの取組が独立したものになりがちだが，広域ネットワークを構築しているFBへの食品寄付は，台湾域内で多数の店舗を設けているカルフール台湾の規模に見合う受益者集団の組

*159*

織化が重要な役割を果たしている。また，同社はドナーとしてFBに食品を寄付するだけではなく，自社でコミュニティ冷蔵庫などに出資していることから分かるように貧困者の食品に対する取組を多様化させている。企業の社会的責任という観点から始まったカルフール台湾の取組は，廃棄される食品の創造価値を福祉活動として社会的に共有するCSV（Creating Shared Value）へと深化している。

その一方で，それぞれのFBでは，食料パックの支給の充実や生活困窮者が利用しやすい拠点づくりなどで実際の需要に応えているが，1919とANDREWでは，ともに支援を必要としている生活困窮者が増加傾向にあり，今後の食品寄付の発展には，ドナーとしてのカルフール台湾と各FBに対する行政の支援も重要になろう。というのも，行政からみても，低所得者数の増加や年金の格差といった問題があり，FBによるフードロスの発生抑制を通じた食品寄付で対象者へのニーズを満たすには，20トン弱の規模ではまだ不十分だからである。このようなカルフールの取組を中心としたFBの発展とそのニーズ，そして社会問題が深刻化する中，台中市フードバンク自治条例は生まれた。

台中市フードバンク自治条例は，第12条で物資を寄付する場合に税の減免措置を講じることを謳っており，台湾最大のドナーであるカルフール台湾に対してはさらなるインセンティブが与えられることが予想される。また，カルフール台湾でみられた食品寄付の取組が，今後，他の企業でも浸透していくことも考えられる。

しかし，FBの事業が拡大した場合，運営にかかる各種コストが増大し，個人のボランティアや企業からの寄付を促すだけではなく，例えばロジスティクスの高度化のようなシステム開発も求められる可能性がある。すでにカルフール台湾では，ATFに対するGISを用いたシステム開発が進み，ケリーTJロジスティクスがFBの輸送を無償で請け負っているが[23]，今後は産業

---

(23) Taichung City Government "Taichung-Changhua-Nantou Cooperates in Food Bank Logistics" 参照。

団地の中央倉庫のような物流施設の運営状況や増設など，FBの発展に伴って検証しなければならない課題が少なくない。また，制定されたばかりの台中市の条例が現時点で拠点の少ない東部を含め台湾全土へ展開していくのか，カルフール台湾および各FBの取組や税控除といった市政府との関係にどのように影響を与えていくのか，中央政府の取組などについても，長期的に調査分析する必要がある。

**参考文献**

［1］Do Paco, A. and Agostinho, D.（2012）"Does the kind of bond matter? The case of food bank volunteer", *International Review on Public and Nonprofit Marketing*, Vol.9 No.2, pp.105-118
［2］Gonzalez-Torre, P.L. and Coque, J.（2016）"How is a food bank managed? Different profiles in Spain", *Agriculture and Human Values*, Vol.33, pp.89-100
［3］Kim, S.（2015）"Exploring the endogenous governance model for alleviating food insecurity: Comparative analysis of food bank systems in Korea and the USA", *International Journal of Social Welfare*, Vol.24, pp.145-158
［4］Kobayashi, T（2016）Diversity of Food Banks in East Asia: Case Study of South Korea, Hong Kong and Japan, 2016 Autumn Annual Conference of Korea Distribution Association（KODIA）at Jeju National University, "Global Perspectives in Shopper Marketing" p.101
［5］Kobayashi, T., Kularatne, J., Taneichi, Y., Aihara, N.（2018）Analysis of Food Bank implementation as Formal Care Assistance in Korea, *British Food Journal*, Vol.120, Issue 01, pp.182-195
［6］Tarasuk, V., Dachner, N., Hamelin, A.M., Ostry, A., Williams, P., Bosckei, E., Poland, B. and Raine, K.（2014），"A survey of food bank operations in five Canadian cities", *BMC Public Health*, Vol.14, p.123.
［7］上村泰裕（2016）「台湾の年金改革―後発福祉国家その後」『DIO　連合総研レポート』No.319，pp.16-19
［8］小林富雄（2015）『食品ロスの経済学』農林統計出版
［9］小林富雄・佐藤敦信（2016）「インフォーマルケアとしての香港フードバンクの分析―活動の多様性と政策の新展開―」『流通』No.38，pp.19-29
［10］社団法人中華基督教救助協会（2016）「中華基督教救助協会2016年報」。https://www.ccra.org.tw/images/about/ANNUAL_REPORT_2016.pdf（2017年10月12日閲覧）
［11］社団法人中華基督教救助協会（2017）「1919食物銀行―2016年年度分析報告」。

http://www.ccra.org.tw/foodbank/fbpresentessay.aspx?id=94（2017年10月12日閲覧）
［12］杉村泰彦・小糸健太郎（2014）「台北市第一果菜批發市場における食品廃棄物の発生要因とその処理—日本の青果物卸売市場との比較を視野に—」『農業市場研究』第22巻第4号，pp.23-33
［13］呂建徳「台中市食物銀行自治条例専題報告」http://www.society.taichung.gov.tw/df_ufiles/df_pics/df_file/204_1040427_01_社會局_臺中食物銀行自治條例.pdf（2017年10月30日閲覧）

**参考ホームページ**
［１］OECD.Stat http://stats.oecd.org/
［２］財団法人カルフール文教基金会ホームページ。https://www.carrefour.org.tw/
［３］社団法人中華安得烈慈善協会ホームページ。https://www.chaca.org.tw/?
［４］自由時報ホームページ「漁業署送1萬箱台湾鯛　中市食物銀行首獲贈生鮮食材」2017年9月30日。http://m.ltn.com.tw/news/life/breakingnews/2209565（2017年10月31日閲覧）
［５］台湾行政院衛生福利部食品薬物管理署ホームページ。https://www.fda.gov.tw/TC/index.aspx
［６］台湾行政院環境保護署「搶救剩食大作戰　環保署力推剩食循環経済」『環保新聞専区』2017年9月25日。https://enews.epa.gov.tw/enews/fact_Newsdetail.asp?InputTime=1060925155828（2017年10月10日閲覧）
［７］台湾行政院主計総処「2016年社会保障支出統計」 https://www.dgbas.gov.tw/ct.asp?xItem=42166&ctNode=5624（2018年3月5日閲覧）
［８］台湾行政院内政部戸政司全球資訊網「人口統計資料庫」 https://www.ris.gov.tw/zh_TW/674
［９］Taichung City Government "Taichung-Changhua-Nantou Cooperates in Food Bank Logistics" 2015.4.24。http://eng.taichung.gov.tw/ct.aspx?xItem=15822&ctNode=2673&mp=99（2018年3月10日閲覧）

（佐藤敦信・小林富雄）

# 第Ⅱ部
日本のフードバンクにおける現状と課題

# 第8章

# 寄付食品の栄養学的側面と栄養バランス向上における課題

## 第1節　緒言

　フードバンクは緊急食料システムの一部であり，食品企業からの寄贈された食料を収集し，フードパントリーやスープキッチンなどの組織に配布する活動をする組織（Guptill, Copelton & Lucal, 2013）である。米国とカナダでは，慈善的な緊急食料供給の長い歴史とともに，その起源と発展および有効性に関する広範な研究文献が存在する（Poppendieck, 1999; Riches, 2002; Tarasuk,2001）。モントリオールでは，フードバンク利用者の社会人口学的特性と栄養学的特性が調査されている（Starkey et al., 1998）。

　多くの米国のフードバンクは，必要な人々に，より多くの栄養価の高い食品を配給しようとしている。米国での全国調査によれば，41%のフードバンクが栄養に関する専門知識を有している。また，カリフォルニアの6つのフードバンクは，入荷した食品の追跡が可能な会計／インベントリソフトを所有しており，それらは30種類以上の食品群に分類可能である（Campbell, Ross & Webb, 2013）。オハイオ州の地域のフードバンクは，食政策評議会を設置し，フードパントリーのユーザーはバランスのとれた食事に役立つ購買選択カードを使用することを学んだ（Remley, Kaiser & Osso, 2013）。飢えや食料不足を減らすために必要不可欠なエネルギー（カロリー）を提供しながら，健康的な食生活を促進することで，多くのフードバンクが国民の健康に有益な必要な措置を講じ始めていることは明らかである（Webb, 2013）。

　日本で最初のフードバンク（セカンドハーベスト・ジャパン）は2000年に発足した。2011年3月11日の東日本大震災の後，フードバンクは徐々に日本

人の間で市民権を得るようになった。また，農林水産省は2003年以降，食品ロスに関する統計調査結果を公表しており，それによると2016年度に2,800万トンの食料が廃棄されていた。そのうち643万トンが食用であり，そのうち食品会社や卸売業者などの事業系が352万トン，家庭では291万トン，廃棄していると推定された。そのため，農林水産省は食品製造業者に対し，食品ロスを減らすためにフードバンクに寄付することを奨励している。

しかし，日本のフードバンクの現状についてはほとんど知られていない。特に，日本のフードバンクが扱う食品の栄養面はほとんど分析されていない。本研究の目的は，1）日本のフードバンクがどのような食べ物を扱っているかを特定すること，2）食品の栄養面を評価すること，3）日本のフードバンクが受贈者の栄養バランスを改善する上での課題を論ずることにある。

## 第2節　データとアクセス方法

### 1）筆者の経験

筆者は，1997年4月から2011年9月まで，食品メーカーに勤務していた。食品メーカーの本社は米国にあり，30年以上，米国のフードバンクに食品を寄贈している。日本では2008年から寄付を始めた。筆者はフードバンクの活動を担当し，2008年から農林水産省やフードバンクとやりとしてきた。コミュニケーションを取り合っていた。2011年3月11日に東日本大震災が発生し，著者は東北地方の被災地に対する食料供給活動を開始した。その後，2011年9月から2014年10月までの3年間，筆者は会議やシンポジウム，研究プロジェクト等を通じて，全国のフードバンクとのコミュニケーションを取り合っていた。

### 2）調査対象地

筆者は，フードバンクの食品を栄養学的に分析するために，2015年に日本の12のフードバンク団体を訪問した（**表8-1**）。これらのうち，5つのフー

第8章　寄付食品の栄養学的側面と栄養バランス向上における課題

表8-1　各フードバンクに寄贈された食品リスト

| No. | Prefecture | Number of items | Kinds of foods　(Numbers of items) |
|---|---|---|---|
| 1 | Okinawa | 33 | Sauces (10), Seasoning (4), Dried Pasta (2), Pork Luncheon Meat (2), Meat (2), Soup (2), Fortified drink (2), Pickled pepper (2), Mayonaise (1), Cup Noodle (1), Cut yum in light syrup (1), Cookie spread (1), Pickled green pepper (1), Canned coffee (1), Pinapple (1) |
| 2 | Aichi | 27 | Chocolate and Chocolate snacks (5), Sauces (4), Pasta sauce (3), Noodle (3), Soup (2), Rice cracker (2), Cookies (1), pickled radish (1), baked egg sheet (1), balanced food (1), canned bread (1), Tea (1), Chewing gum (1), balanced food (1) |
| 3 | Shizuoka | 19 | Dried noodle (3), Sauces (2), Seasoning (2), Canned peach (1), Dried squid (1), Dried wheat gluten (1), Dried mushroom (1), Dried seaweeds (1), canned ramen (1), curry (1), Powdered miso soup (1), Powdered drink (1), Sesame seeds powder (1), Powder of agar jerry (1), Seaweeds boiled in soy sauce (1) |
| 4 | Okayama | 16 | Tea (3), Canned fish (2), Jerry (2), Cooked fish (1), α rice (1), Pilaf (1), Instant Noodle (1), Fried egg (1), Water (1), Cake mix (1), Cookies, Jam (1) |
| 5 | Tokyo | 14 | Powdered soup (2), Sauces (3), snacks (2), Rice (1), Pasta (1), Beans (1), Deep-fried soy bean curd (1), Japanese sweets (1), Vegetable powder (1), Strawberry jam (1) |
| 6 | Toyama | 13 | Baked sweets (3), Snack food (3), cakes (2), Dried fish product (1), Deep-fried product (1), Sticky-rice sweets (1), cereal (1), Fish (1) |
| 7 | Ibaraki | 13 | Supplement (5), Vitamin & Mineral (2), enteral nutrient (2), gummy candy (2), Japanese sweets (1), Beverage (1) |
| 8 | Osaka | 11 | Instant noodle (6), sauces (1), chocolate snacks (1), gummy candy (1), soup (1), ginko (1) |
| 9 | Kawaguchi | 10 | Sauces (2), Noodles (2), Tea (2), Canned Sardines (1), Seasoning (1), Oil (1), Granulated Sugar (1) |
| 10 | Kagoshima | 5 | Cooked rice (2), Beverage (3) |
| 11 | Hyogo | 4 | Canned mackerel (1), Canned Tuna (1), Chicken Doria sauce (1), Chicken Thai curry (1) |
| 12 | Shimane | 4 | Canned fruit (2), Jam (1), Noodle (1) |

資料：筆者作成。

ドバンク（東京，兵庫，愛知，沖縄，富山）が2000年代に，他の7つのフードバンク（茨城，埼玉，静岡，大阪，岡山，島根，鹿児島）は2010年代にそれぞれ活動を開始していた。

　これらのフードバンク団体の組織形態は認定NPO法人（愛知，大阪，兵庫），特定非営利活動法人（富山，茨城，東京，静岡，岡山，鹿児島，沖縄），社会福祉協議会（島根）および個人の集合体としてのチーム（埼玉県）となっている。特定非営利活動法人と認定NPO法人との主な違いは，NPOへの寄付行為に対する税制控除であり，税制優遇措置は認定NPO法人に対して与えられる。2019年3月現在で日本には51,610団体の特定非営利活動法人があり，そのうち1,567団体が認定NPO法人となっている[1]。

## 3）食品重量測定と栄養価の計算

筆者は，2015年4月から12月にかけて，日本のフードバンク12団体に届いた170食品の総重量，パッケージ重量および食品重量を測定した。すべての食品は加工食品であった。食品成分表に記載のある品目については，エネルギー（kcal），タンパク質（g），脂肪（g），炭水化物（g），食物繊維（g），食塩相当量（mg），ビタミン$B_1$（mg），ビタミン$B_2$（mg），ビタミンC（mg），カルシウム（mg），鉄分（mg）をそれぞれ計算した。

## 第3節　結果および考察

### 1）食品重量測定

表8-2に重量測定に用いた食品（n＝60）のリストを示す。沖縄では，複数の米軍基地がデミグラスソース，調味料，ポークランチョン（肉），ピクルスなどの加工食品を定期的に寄付している。容器包装のほとんどはガラス瓶や缶などであり，英語表記である。沖縄のフードバンク活動の初期には，協力や共助を意味するユニークな文化である「ゆいまーる」の影響を強く受け，市の職員も積極的に参加した。

愛知県名古屋市のフードバンクでは，食品メーカーから麺，パスタソース，スープ，チョコレートスナック，栄養調整食品などの多くの加工食品を定期的に受け取っている。名古屋市のフードバンクは，週に一度，青果市場までトラックを運転し，余剰農産物を無償で入手して，貧困層に配布している。また，三重県と岐阜県の社会福祉協議会らと協力し，社会福祉協議会を通じて貧困者へ食料を送付している。

静岡にあるフードバンクは，困窮者支援を目的として活動を始めた。理事長は静岡大学の教授で生活協同組合（COOP），NPO，労働者組合，労働金

---

（1）内閣府NPOホームページ参照（https://www.npo-homepage.go.jp/about/toukei-info/ninshou-seni）

第8章　寄付食品の栄養学的側面と栄養バランス向上における課題

表8-2　フードバンクに寄贈された食品の栄養価

⟨Common foods⟩

| No. | Foods | Energy (kcal) | Protein (g) | Fat (g) | Carbohydrate (g) |
|---|---|---|---|---|---|
| 1 | Sausage | 32 | 20.3 | 43.9 | 4.6 |
| 2 | Pinapple | 374 | 1.8 | 0.4 | 90.3 |
| 3 | Powdered miso soup | 165 | 9.6 | 4.5 | 21.5 |
| 4 | Dried Squid | 217 | 45 | 2.8 | 0.3 |
| 5 | Dried wheat gluten | 194 | 15.1 | 1.7 | 27.1 |
| 6 | Long pasta | 1,183 | 40.7 | 6.9 | 226 |
| 7 | Curry | 3,625 | 101.4 | 224.3 | 301.1 |
| 8 | Sesame seeds powder | 300 | 10.2 | 27.1 | 9.3 |
| 9 | Seaweeds Tsukudani | 139 | 25.9 | 2.3 | 38 |
| 10 | Cannded peach | 371 | 1.9 | 0.5 | 90.1 |
| 11 | Dried Somen (noodle) | 983 | 26.2 | 3 | 200.7 |
| 12 | Dried Noodle | 1,183 | 25.8 | 3.3 | 218.6 |
| 13 | Balanced food | 200 | 4 | 11 | 21.9 |
| 14 | Canned bread | 307 | 9.8 | 8.7 | 47.1 |
| 15 | Canned mackerel | 361 | 39.7 | 20.3 | 0.4 |
| 16 | Canned Tuna | 420 | 27.4 | 34.5 | 0.1 |
| 17 | ginko | 299 | 7.4 | 2.3 | 62.1 |
| 18 | beans | 724 | 47.6 | 2.7 | 125.7 |
| 19 | Deep-fried soy bean curd | 143 | 6.9 | 12.2 | 0.9 |
| 20 | Pasta | 1,912 | 65.8 | 11.1 | 365 |
| 21 | Canned White Peach | 371 | 1.9 | 0.5 | 90.1 |
| 22 | Canned Oranges | 271 | 1.8 | 0.5 | 65.3 |
| 23 | Cooked rice | 214 | 3 | 0.5 | 49.1 |
| 24 | fried egg | 749 | 53.6 | 45.1 | 31.7 |
| 25 | grilled fish | 225 | 17.4 | 13 | 9.7 |
| 26 | simmered fish | 414 | 31.1 | 26.5 | 12.6 |
| 27 | Canned fish | 106 | 14.8 | 1.8 | 7.7 |
| 28 | Canned fish | 249 | 34.8 | 4.2 | 1.8 |
|  | Total | 15,731 | 690.9 | 515.6 | 2,118.8 |

⟨Seasonings⟩

| No. | Foods | Energy (kcal) | Protein (g) | Fat (g) | Carbohydrate (g) |
|---|---|---|---|---|---|
| 29 | Mayonaise | 2,034 | 0 | 174.4 | 116.2 |
| 30 | Soy Sauce | 243 | 26.3 | 0 | 34.5 |
| 31 | Soy Sauce | 245 | 26.6 | 0 | 34.8 |
| 32 | Dressing | 1,164 | 2.8 | 115.9 | 25.8 |
| 33 | Soy Sauce | 430 | 46.6 | 0 | 61.1 |
| 34 | Strawberry Jam | 486 | 0.8 | 0.2 | 0.2 |
| 35 | jam | 311 | 0 | 0 | 134.3 |
|  | Total | 4,913 | 103.1 | 290.5 | 406.9 |

⟨Beverages⟩

| No. | Foods | Energy (kcal) | Protein (g) | Fat (g) | Carbohydrate (g) |
|---|---|---|---|---|---|
| 36 | Canned Coffee | 70 | 1.3 | 0.6 | 15.1 |
| 37 | Powdered drink of black sesame and soy beans | 1,350 | 109.7 | 72.3 | 95.8 |
| 38 | Café O Le | 71 | 1.3 | 0.6 | 15.4 |
|  | Total | 1,491 | 112.3 | 73.5 | 126.3 |

⟨Confectionaries⟩

| No. | Foods | Energy (kcal) | Protein (g) | Fat (g) | Carbohydrate (g) |
|---|---|---|---|---|---|
| 40 | Cracker | 115 | 2.8 | 2.6 | 20.1 |
| 41 | Baked sweets | 40 | 0.8 | 0.4 | 8.4 |
| 42 | powder of Agar jerry | 4 | 0 | 0 | 1.9 |
| 43 | Rice Cracker | 313 | 6.6 | 0.8 | 69.8 |
| 44 | Chocolate | 781 | 9.7 | 47.7 | 78.1 |
| 45 | Cookies | 437 | 5.6 | 15.6 | 68.6 |
| 46 | Rice Cracker | 370 | 7.7 | 1.4 | 81.7 |
| 47 | Gummy candy | 315 | 0.1 | 0 | 78.6 |
| 48 | Chewing gum | 54 | 0 | 0 | 13.6 |
| 49 | Chocolate cookies | 908 | 9.9 | 48 | 108.9 |
| 50 | Chocolate biscuit | 1,065 | 11.6 | 56.3 | 127.7 |
| 51 | Gummy candy | 315 | 0.1 | 0 | 78.6 |
| 52 | gummy candy | 496 | 0.1 | 0 | 123.7 |
| 53 | Gummy candy | 427 | 0.12 | 0 | 106.6 |
| 54 | Dorayaki (Japanese sweets) | 57 | 1.2 | 0.5 | 11.8 |
| 55 | rice powder for dango (mochi) | 760 | 13.0 | 2.1 | 164.8 |
| 56 | Rice cube (arare) | 575 | 11.9 | 2.1 | 127.1 |
| 57 | biscuit | 731 | 8 | 38.6 | 87.6 |
| 58 | Cookies | 146 | 1.6 | 7.7 | 17.5 |
| 59 | jerry | 38 | 0.3 | 0 | 15.2 |
| 60 | Cake mix | 2,076 | 48.6 | 10.8 | 446.4 |
|  | Total | 10,088 | 141.12 | 237.3 | 1,845.6 |

資料：五訂食品分析表により筆者作成。

庫の職員などが役員となっている。静岡の地元のスーパーマーケットチェーンである静鉄ストアは，入口にフードドライブボックスを設置し，定期的にフードバンクに食品を寄贈している。静岡には缶詰メーカーが数多くあり，ツナ，みかん，麺，焼き鳥などの缶詰を製造している。メーカーによっては，未払い商品がフードバンクに寄付されている。

岡山のフードバンクの取締役は，廃棄物工学研究所の職員，農家，ホームヘルパー事務所の理事長等である。寄贈者は受贈者が倉庫を必要としないように食品を直接配達する。岡山県内には岡山市，津山市，笠岡市の3つの拠点がある。岡山のフードバンクでは，3R（リデュース，リユース，リサイクル）の中で「リデュース」を優先してフードロスと$CO_2$排出量の削減を目指している。

東京のフードバンクの事務所は首都圏に位置し，食品メーカーの本拠地が多く，事業所から多くの加工食品を受け取っている。月曜日から土曜日まで，スーパーマーケットで食品（新鮮な野菜や果物，パンなど）を収集し，仲介機関（例えばスープキッチン）や必要な人々に届けている。食品取扱量は2013年に3,152トンであった。寄贈者数は2018年現在で1,592となっている。

ある民間企業に常勤で勤めている女性は，富山県でフードバンクを運営している。提供者は，スナック食品・シリアル・菓子・野菜などを提供する企業，スーパーマーケット，農家および個人である。

茨城県のフードバンクのメンバーは，3つのNPO，生活協同組合（COOP）および個人であり，2017年には約114トンの食料を配達している。

認定NPO法人の1つである大阪のフードバンクの事務所は大阪府食品流通センター内にあり，大規模な冷凍設備を有している。日本のフードバンク団体のうち，認定NPO法人は関西（兵庫），名古屋，大阪，東京の4団体のみである。

著者は埼玉県川口市で，"Reduce"を最優先してフードロスを削減するための組織を運営している。同組織の役員は市議会議員，川口銀座商店街協議会の理事長，ベーカリーショップ，埼玉県庁の職員，民間企業職員等となっ

第8章　寄付食品の栄養学的側面と栄養バランス向上における課題

ている。また，川口市内の母子支援施設や学習支援施設に食品を寄贈するためのフードドライブを年に1回行っている。2019年5月までに，総量1.2トンの食料を配給した。

2011年3月11日に発生した東日本大震災は，鹿児島県にフードバンク団体が設立されるきっかけとなった。同団体の構成員はフルタイムの職員6名とボランティア学生50名である。同団体の財源の1つは自前で用意した非常食の販売である。

兵庫県のフードバンクは外国人が創設しており，日本で2番目に古いフードバンクである。人件費はゼロであり，2014年の食料配給の総量は187トン以上であった。食料供与者（食品会社）の数は約40社である。

島根県のフードバンクは，その前身が島根県社会福祉協議会である安来市社会福祉協議会を基盤としている。2015年には政府（農林水産省）の助成を受け，食品会社から食品が必要な者に直接届けられるよう新しいシステムを構築した。食料の調達・配送に多額の費用を費やす必要はない。

全体として，日本のフードバンクは主に加工食品を寄贈されており，新鮮な野菜や果物は限られている。その理由は以下の通りである。1）冷蔵庫がない，2）賞味期間が短い，3）スタッフ不足，4）倉庫がない，5）時間がない（全員がボランティア）。したがって，栄養状態，生活条件，年齢，性別，労働量などの受贈者の条件を考慮して，受贈者の需要と日本のフードバンク団体による供給を一致させることは困難である。

## 2）食品栄養計算

調査対象となった食品（n＝60）を一般的な食品（n＝28），調味料（n＝7），飲料（n＝3）および菓子類（n＝22）に分類し，それらのエネルギー量，蛋白質量，脂肪量および炭水化物量を計算した結果を**表8-2**に示す。一般的な食品のPFC比はP：17.6％，F：29.5％，C：53.9％であるのに対し，菓子類ではP：5.6％，F：21.2％，C：73.2％となっている。一方，日本政府（厚生労働省）が推奨するPFC比率はP：13〜20％，F：20〜30％，C：50〜65％

である。一般的な食品に関してはPFCバランスが理想的といえるが，菓子類に関してはバランスが取れていないようである。経済的困窮者は安価な菓子やジャンクフードに偏る傾向があるので，日本のフードバンクは人々が栄養バランスの良い食事をとれるよう，より注意を払うべきである。

　全体として，**表8-2**項目のほとんどは，栄養素基準（NS）よりも微量栄養素が少なかった。微量栄養素の内容の上位5項目を以下に示す。

1 ) ビタミンA（単位：$\mu$g; NS＝450）：カレー（No.7）が707$\mu$gと最も高く，続いて揚げ卵（No.24; 546$\mu$g），チョコレートビスケット（No.50; 306$\mu$g），チョコレートクッキー（No.49; 261$\mu$g），バランスフード（No.13,113$\mu$g）となっている。

2 ) ビタミン$B_1$（単位：mg; NS＝1.0）：カレー（No.7）が3.38mgと最も高く，続いて粉末大豆（No.37; 2.35mg），豆類（No.18; 1.13mg），パスタ（No.20; 0.96mg）および米クラッカー（No.46; 0.87mg）となっている。

3 ) ビタミン$B_2$（単位：mg; NS＝1.10）：揚げ卵（No.24）が1.64mgと最も高く，続いてカレー（No.7; 1.54mg），粉末味噌汁（No.3; 1.24mg），醤油（No.33; 1.03mg），粉末大豆（No.37; 0.80mg）およびサバ缶詰（No.15; 0.76mg）となっている。

4 ) ビタミンC（単位：mg; NS＝80）：ゼリー（No.59）が84mgと最も高く，続いて銀杏（No.17; 36mg），パイナップル（No.2; 31mg），カレー（No.7; 31mg）およびジャム（No.35; 21mg）となっている。

5 ) ビタミンD（単位：$\mu$g; NS＝5.0）：サバ缶詰（No.15）が20.9$\mu$gと最も高く，続いて焼き魚（No.25; 12$\mu$g），煮魚（No.26, 9.6$\mu$g），魚の缶詰（No.28, 9.2$\mu$g），マグロ缶詰（No.16, 5.8$\mu$g）となっている。

6 ) ビタミンE（単位：mg; NS＝8.0）：マヨネーズ（No.29）が128mgと最も高く，続いてマグロ缶詰（No.16; 23.5mg），ドレッシング（No.32; 17.1mg），豆類（No.18; 12.5mg）およびサバ缶詰（No.15; 6.1mg）となっている。

7 ) カルシウム（単位：mg; NS＝700）：粉末大豆（No.37）が773mgと最も

高く，続いてカレー（No.7; 614mg），ケーキミックス（No.60; 607mg），ゴマ粉（No.8; 600mg），サバ缶詰（No.15; 494mg）となっている。

8）鉄（単位：mg; NS＝7.5）：カレー（No.7）が33.8mgと最も高く，続いて大豆粉末（No.37; 28.4mg），豆類（No.18; 19.3mg），醤油（No.33; 10.3mg），揚げ卵（No.24; 7.4mg）となっている。

9）食物繊維（単位：mg; NS＝20mg）：粉末大豆（No.37）が52.2mgと最も高く，続いて豆類（No.18; 35.1mg），パスタ（No.20; 13.7mg），ケーキミックス（No.60; 11.5mg）となっている。

ビタミンやミネラルの分析結果から，缶詰の魚や豆は，他の食品よりもタンパク質，ミネラル，ビタミンの含有量が高く，特に緊急時や食料支援の場合に有用であることが示された。一方，他のほとんどの食品には，ビタミンDやカルシウムなどの微量栄養素がほとんど含まれていなかった。

## 3）日本のフードバンクにおける余剰食品利用の可能性

ほとんどのフードバンク団体がエネルギー源としての食料を調達しようと努力しているとはいえ，日本のフードバンク団体が貧しい生活状態にある人々の栄養バランスを考慮することは必要である。厚生労働省が毎年行っている国民健康・栄養調査によれば，年収と野菜摂取量との間には正の相関関係がある（厚生労働省，2012）。野菜の消費量は，年間所得が200万円未満，200万円以上600万未満の世帯で男女ともに低かった。特に，一人暮らしの貧困層は，炭水化物と揚げ物などに依存する傾向があり，安い食料品で空腹を満たしている。こうした栄養不足を避けるためには，栄養素，特にビタミン，ミネラル，食物繊維を摂取する必要がある。

日本のフードバンクのすべてが農産物，特に野菜を扱っているわけではない。農家からフードバンクの受益者への流通過程を通じて，収集，保管，輸送するために必要な人的資源，スペース，車両の利用可能性が限られているからである。加えて，農林水産省は農産物の生産調整システムを導入しており，余剰農作物を廃棄する農家には補助金を支給している。農家がそれらを

寄付する場合には，補助金を受け取ることができない。

　米国でも，多くのフードバンクが困窮者に栄養価の高い食品を提供しようとしているが，新鮮な野菜や果物を手に入れるのはまだ難しい。2003年から2006年までのニューヨークのフードバンクに関する先行研究によると，生鮮野菜は，全食料の13％から22％に過ぎないことがわかった。一方で2007年から2010年にかけて実施されたカリフォルニア州のフードバンク6団体に関する研究においては，青果物が40.2％から51.7％（Ross, Campbell & Webb, 2013）であった。カリフォルニア州のフードバンクは，米国では野菜と果物のトップ供給者であるが，Ross, Campbell & Webb（2013）は，野菜の寄贈量のおよそ半分が，保存期間が長いという理由で，他の野菜よりも栄養価が低いジャガイモとタマネギであったことを示している。

　1994年に制定された「主要食糧の需給及び価格の安定に関する法律」に基づき，日本では，生産不足や自然災害が発生した場合には5年間の米の備蓄を行っている。その後，緊急事態が発生しなければ，備蓄米は第三者に売却される。場合によっては，学校給食のために小学校に販売されたり，捨てられたり，飼料として使用されたりする。しかし，いずれの場合においても，困窮者を支援するためには使用されない。

　一方，米国政府は，全国のフードバンクに米やパスタなどの主食を提供している。2007年から2010年までのカリフォルニア州のフードバンク6団体に関する調査によると，取扱う穀物の半数以上（53％）は政府からの支援の食料であった（Ross, Campbell & Webb, 2013）。特に，政府からのパスタと米は，すべてのフードバンク団体の穀物カテゴリーに最も貢献した。

### 4）余剰食料に関する日米間の法律の相異

　余剰食を利用する上で最も重要な，日米間の3つの法的相異は，1）ニーズのある人々の食の安全性を担保するための規制，2）食料援助に関する免責，3）食料援助のための税額控除の有無である。米国では，必要な者に余剰食料を分配するための3つの規制がある。すなわち，1）農業貿易開発援

助法（1954年），2）善きサマリア人（びと）の法，および3）連邦政府による増税による食料援助である。

## （1）農業貿易開発援助法（1954年）

米国議会は公法480条（PL-480）を可決し，米国農務省に，余剰商品を購入し，援助として海外に出荷する許可を与えた（Guptill, Copelton & Lucal, 2013）。この法律は，生活困窮者のために政府が余剰農産物を購入することを可能にする。したがって，米国のフードバンクは，米国政府が購入して寄贈する余剰農産物を利用することができる。しかし，日本は食料輸入国であるため，米国のような農業貿易開発援助法（1954年）を整備するのは難しい。

## （2）善きサマリア人（びと）の法

この法律は，自発的に困窮者を救う寄贈者が訴訟されるのを防ぐ。その目的は責任の免除である。米国のフードバンクを束ねるFeeding America（フィーディングアメリカ）は以下のように説明している（Feeding America, 2017b）。

1996年10月1日，クリントン大統領は，食料品を困窮者に配布する非営利団体に寄付することを奨励するため，この法案に署名した。

この法律は，次のように述べられている。

- 非営利団体に寄付する際の責任から守る。
- 製品が誠意をもって寄付された場合，後で受取人に危害を及ぼす恐れのある，民事上および刑事上の責任から守る。
- 寄付者責任負担を標準化する。当事者およびその法律顧問は，50州で責任法を調査する必要はない。
- 食料品を寄付する人のために，「重大な過失」または「意図的な不正行為」を定義づけする。この法律によれば，「重大な過失」とは，（他の人の健康や幸福に有害である可能性のある）知識を用いる，自発的かつ意識的な行為として定義されている。

## （3）米国連邦政府による食料援助のための税金控除の強化

慈善寄付のための税額控除は，1976年から存在していた[2]。この点について，Feeding Americaは次のように説明している（Feeding America, 2017a）。

「適切に貯蓄され，政府に認定された非営利団体に寄付された義援金は，商品原価と未実現総利益の半分に相当する連邦税控除の対象となる。ただし，控除額は拠出額の2倍を超えることはない」

日本の税額控除に関しては，2018年12月19日，国税庁と農林水産省により，フードバンクなどへ寄付した場合「一定の条件のもと，経費として金額損金参入を認める旨」が発表された。認定NPO法人に寄付をした寄付者（個人・法人とも）は，日本で所得税の控除を受けることができる。すでに述べたように，特定非営利活動法人と認定NPO法人との主な違いは，NPOへの寄付行為に対する税額控除の有無であり，税制優遇措置は認定NPO法人に与えられる。ただ，認定NPO法人の割合は，日本のNPO全体の3％に過ぎない（2019年3月現在）。

さらに，日本で必要な人に余剰食料を分配するにあたり，法的障壁となるのは，1）1950年の生活保護法と2）1995年の製造物責任法の2つである。

## （4）1950年の生活保護法

基本的に，日本には，非常時を除き，政府による食料支援はない。その代わり，日本在住の経済的困窮者は，1950年の公的扶助法に基づき，自治体（市区町村）に生活保護を申請することができる。自治体が承認すると，日々の生活費である生活保護を受け取ることができる。1995年以降，非正規雇用社員の増加により，生活保護の受給者数は増加している。2008年のリーマン・ブラザーズの破産と2011年の3.11東日本大震災により，受給者はさらに増え

---

（2）Center for Health Law and Policy Innovationウェブサイト参照。（https://www.chlpi.org/wp-content/uploads/2013/12/Food-Donation-Fed-Tax-Guide-for-Pub-2.pdf）

第8章　寄付食品の栄養学的側面と栄養バランス向上における課題

た。2015年に生活困窮者自立支援制度が制定されたばかりで，一部の自治体では食料支援が行われているが，まだ全国的に普及したとはいえない。

　生活保護法は，必要としている人々のための緊急時の支えであるフードセーフティネットとなるには多くの課題を抱えている。例えば，申請者が受給者として承認され，福祉資金を受け取るまでには数週間以上かかることがある。また，申請者の中には次のような条件に合わないからという理由で受けられない人もいる。1）家族や親戚がいない，2）財産がなく，車や貯金もない，3）病気やけがのために働いていない，4）政府が定めた最も低い生活水準の月収である

　また，自尊心や，生活困窮状態を恥じる気持ち，精神疾患などのために申請しない人もいる。2015年に生活困窮者自立支援制度が制定されて以来，自治体とフードバンクとが協力している地域もあるが，全国的に普及するにはまだ時間がかかりそうである。

(5) 1995年の製造物責任（PL）法

　食品製造業者は，1995年に制定された製造物責任（PL）法に基づき，製品の欠陥について責任を負う。日本の食品製造業者の多くは食品事故のリスクや安全性の瑕疵を恐れ，たとえ余剰在庫があっても，積極的に寄付しようとはしない。売上や信頼性，ブランドイメージなどが失墜することを恐れ，自社製品を第三者に寄付することを躊躇するケースが多い。多くの場合，コストとエネルギーをかけてリサイクルか廃棄するしか選択肢がない場合もある。日本政府が，米国のような米連邦ビルエマーソングッドサマリア食品寄付法（The Emerson Good Samaritan Food Donation Act）を導入しない限り，食品製造業者は，リスクを一切負わず，栄養価の高い食品をフードバンクに寄付する手だては少ない。課題は，食品の安全性を守ることと，余剰食料の資源活用とのバランスを取ることである。

## 5）日米間の社会経済的条件の差異

これまで述べてきたような，日米間の法的な相違に加え，二カ国の社会経済的条件の重要な違いは，1）貧困への理解と2）公的な食料支援の有無である。

### (1) 貧困への理解

聖書では，働かないなら食べるべきではない，と述べられている。キリスト教徒は日本全体の人口の1％に過ぎないが，「働かざる者食うべからず」という言葉は誰もが耳にしたことがある。ピューリサーチセンター（Pew Research Center 2007年）の調査によると，「著しく生活が困窮している貧困層のため，政府は支援する責任がある」という質問に対し，米国民の28％が「まったくその通りだ」と答え，42％が「ほぼ同意する」と回答した。一方，日本の回答者は「まったくその通りだ」と答えたのが15％，「ほぼ同意する」が44％であった。日本の回答者は，47の対象国の中で，政府の貧困支援に対し，同意する割合が最も少なく，貧困層に対して厳しい目を向けていることがわかった。だが，貧困の人であっても，栄養バランスのとれた食事を食べる権利があることは，基本的人権の観点からも明白である。現段階では，日本人の意識変革が求められており，貧困層に余剰食料を配分するための立法が期待される。

### (2) 公的食料支援

米国では，SNAPと呼ばれる「栄養補助プログラム」や，学校の朝食給食，昼食給食，「貧困撲滅（Stamp Out Hunger）」プログラムなど，多くの公共食料支援がある。これは米国が低福祉であることと関係している。一方，日本の場合，第二次世界大戦中の食料配給と，第二次世界大戦後の学校（昼食）給食の2つのみである。1950年に制定された「生活保護法」は，「生活困窮者は現金を受け取っているのだから」という理由で食料援助を妨げる可能性

もある。

　米国とフランスの政府は，規制に基づいて余剰食品を共有することを推奨している。2016年2月3日，フランスは世界で最初の法律である「食料廃棄禁止法」を制定した。ある一定面積以上のスーパーマーケットは，売れ残り食品を捨てたり，食べられないようにしたりすることを禁止する内容だ。捨てる代わりに，スーパーマーケットはフードバンクや慈善団体に寄付する努力義務が課せられる。

## 6) 日本のフードバンクにおける管理栄養士の不足

　日本のフードバンクのほとんどは，管理栄養士や栄養士を雇用していない。ほとんどの日本のフードバンクでは，日持ちのしづらい農産物をタイムリーに受け取り配布するだけの人手がない場合がある。たとえば児童養護施設では，栄養士が食事の栄養価を計算し，1日3食を提供している。しかし，一人で暮らしている貧困層には，そのように栄養価を計算してくれる栄養士は存在しない。例外的なケースは，広島のフードバンクと東京のフードバンクである。広島のフードバンクは，かつて民家を改装し厨房設備を整え，レストランをオープンし，カット野菜の会社から提供された野菜や，計量不足のうどんなどを活用した料理を提供していた。広島のフードバンクの代表は，当時，病院の管理栄養士としても働いていた時に，健康料理講習会を開催するなど，食事を必要とする人々の栄養状態の改善に貢献している。

　2012年のFeeding Americaの調査では，フードバンク（Handu, Medrow & Brown, 2016）で働くRDN（登録栄養士）の必要性が明らかになった。CWH（UC Berkeleyの保健衛生センター）の全国調査によると，回答したフードバンクの55％が，健康的な食品の寄付を増やすことを指針とする政策やガイドラインを制定していると報告し，30％は，人々の不充分な栄養状態を改善するため，健康的でない食品の寄贈を少なくする必要があると回答した（Shimada, Ross, Campbell & Webb, 2013）。Feeding America Networkが選んだ49のフードバンクでおこなわれた，栄養に基づいた定性的研究は，

食料不足の個人が直面する貧しい食料環境と健康問題に対応するため，米国のフードバンクが努力していることを明らかにしている（Handforth, Hennink, & Schwartz 2012）。オンタリオ州南西部のケーススタディについては，オンタリオ州南西部の大都市のフードバンクは，1人当たり3日間の食品を提供しようとしたが，99％の食品で，3日分の栄養素を充足できていなかった（Irwin, Ng, Rush, Nguyen & He, 2007）。新鮮な果物や野菜，乳製品，肉などが少ないため，栄養不足が生じている可能性がある。低所得世帯のほとんどは，これらの新鮮な食品を購入する収入が限られている。だからこそ，フードバンクは，可能であれば，生鮮食品の寄付がより奨励されるべきである。生活困窮者は，野菜の摂取は二の次になってしまい，ビタミンやミネラル，食物繊維が不足することが，その他の調査結果からも判明している。米国ケンタッキー州の研究では，食品の販売店舗を備えたガソリンスタンドが多いコミュニティでは，エネルギー（カロリー）や，脂質を多く摂取しているSNAP（補足栄養補助プログラム）受給者が多い傾向にあることが明らかになった（Gustafson et al. 2013）。生活困窮者の肥満やそれに伴う合併症を避けるため，フードバンクは，食料受給者の健康状態を考慮し，その人その人に適した栄養バランスの充足を目指すべきである。

　広島のフードバンクの代表は広島の病院の管理栄養士であったため，毎月，定期的に食品の衛生検査を行っていた。このように，食の安全性を担保するための仕組みは，自社商品を寄贈する食品製造業者にとっても信頼性が高い。広島のフードバンクのように，栄養・食品衛生ガイドラインの策定や，管理栄養士・栄養士としての専門知識を持つ人材の採用は，フードバンクにおける食品の量や質を向上させるための重要な施策であると考える。

## 第4節　小括

　本研究で調査した日本のフードバンクは，21世紀初めに設立された組織で，栄養価の低い加工食品も多く受け取っていた。日本のフードバンクのすべて

が，米や農産物を潤沢に扱っているわけではない。日本の法制度は，食品を必要な者に配分するのに次の3点において欠如している。1）ニーズのある人々のための食料安全を維持するための規制，2）食料援助に関する免除，3）食料援助のための税金控除の周知徹底。

それに加え，余剰食料を共有するための2つの法的障壁も存在する。1）生活保護法：1950年，2）製造物責任法：1995年。また，日米の社会経済的条件における2つの重要な違いは，1）貧困への理解と2）公的食料援助である。現段階では，日本人の意識改革が必要であり，貧困層へ余剰食料を共有するための法整備が期待される。

日本のフードバンクは，量と質の両面から食料受給者の食生活の質を向上させるために，1）管理栄養士・栄養士の雇用，2）栄養ガイドラインの導入，3）健康に寄与しない食品の制限，4）フードバンク食品受給者の健康状態の管理を進めていくべきではないだろうか。

## 参考文献

[1] Campbell, E. C., Ross, M., & Webb, K. L. (2013). Improving the nutritional quality of emergency food: a study of food bank organizational culture, capacity, and practices. *Journal of Hunger & Environmental Nutrition*, 8, pp.261-280

[2] Feeding America. (2017a). For our food donors: United States tax incentives. Retrieved January 25, 2017, from https://www.feedwm.org/donors/taxbenefits/

[3] Feeding America. (2017b). The federal Bill Emerson good Samaritan food donation act. Retrieved January 25, 2017, from http://www.feedingamerica.org/ways-to-give/give-food/become-a-product-partner/protecting-our-food-partners.html

[4] Guptill, A. E., Copelton, D. A., & Lucal, B. (2013). Food & society: principles and paradoxes. Cambridge: Polity Press

[5] Gustafson, A., Lewis, S., Perkins, S., Damewood, M., Buckner, E., Vail, A., Mullins, J., & Jilcott-Pitts, S. B. (2013). Association between the retail food environment, neighborhood deprivation, and county-level dietary outcomes among supplemental nutrition recipients in Kentucky, 2010-2011. *Journal of*

*Hunger & Environmental Nutrition*, 8, pp.362-377
[ 6 ] Handforth, B., Hennink, M., & Schwartz, M. B. (2012). A qualitative study of nutrition-based initiatives at selected food banks in the Feeding America Network. *Journal of the Academy of Nutrition and Dietetics*, 113, pp.411-415.
[ 7 ] Handu, D., Medrow, L., & Brown, K. (2016). Preparing future registered dietitian nutritionists for working with populations with food insecurity: a new food insecurity/ food banking supervised practice concentration piloted with dietetic interns. *Journal of the Academy of Nutrition and Dietetics*, 116, pp.1193-1198.
[ 8 ] Irwin, J. D., Ng, V. K., Rush, T. J., Nguyen, C., & He, M. (2007). Can food banks sustain nutrient requirements? Canadian Journal of Public Health, 98, pp.17-20.
[ 9 ] Ministry of Health, Labour and Welfare. (2012). About the 2012 national health and nutrition survey results. Retrieved from http://www.mhlw.go.jp/seisakunitsuite/bunya/kenkou_iryou/kenkou/kenkounippon21/en/eiyouchousa/kekka_todoufuken.html
[10] Pew Research Center. (2007). World publics welcome global trade - but not immigration. Chapter 1. Views of global change. Retrieved from http://www.pewglobal.org/2007/10/04/chapter-1-views-of-global-change/
[11] Poppendieck J. (1999). Sweet charity? emergency food and the end of entitlement. London: Penguin Books
[12] Remley, D. T., Kaiser, M. L., & Osso, T. (2013). A case study of promoting nutrition and long-term food security through choice pantry development. *Journal of Hunger & Environmental Nutrition*, 8, pp.324-336
[13] Riches, G. (2002). Food banks and food security: welfare reform, human rights, and social policy. Lessons from Canada? *Social Policy and Administration*, 36, pp.648-663
[14] Ross, M., Campbell, E. C., & Webb, K. L. (2013). Recent trends in the nutritional quality of food banks' food and beverage inventory: case studies of six California food banks. *Journal of Hunger & Environmental Nutrition*, 8, pp.294-309
[15] Shimada, T., Ross, M., Campbell, E. C., Webb. L. (2013). A model to drive research-based policy change: improving the nutritional quality of emergency food. *Journal of Hunger & Environmental Nutrition*, 8, pp.281-293
[16] Starkey, Linda J.; Kuhnlein, Harriet V. and Gray-Donald, Katherine (1998) Food bank users: sociodemographic and nutritional characteristics. *Canadian*

*Medical Assocciation Journal,* vol.158, no.9, pp.1143-1149.
[17] Tarasuk, V. (2001). A critical examination of community-based responses to household food insecurity in Canada. *Health Education and Behavior,* 28, pp.487-499
[18] Webb, K. L. (2013). Introduction-Food Banks of the Future Organizations Dedicated to Improving Food Security and Protecting the Health of the People They Serve. *Journal of Hunger & Environmental Nutrition,* 8, pp.257-260
（ウェブサイトは2019年5月23日閲覧）

（井出留美）

# 第9章

# 行政との協働から自立へと進化するフードバンク山梨

## 第1節　活動の歴史

### 1）誕生から現在まで

　認定特定非営利活動法人　フードバンク山梨（以下，FB山梨）の活動はまだ12年に満たない。しかし，誕生後からFB山梨が発展する展開過程には多くのドラマがある。以下，簡単に活動を紹介しよう。

　FB山梨の理事長である米山けい子氏がフードバンクを始めたのは，2008年8月に米山氏が生活協同組合パルシステム山梨の理事長を退任し，地域でボランティア活動を立ち上げようとしたことが契機である。理事長を退任する一年前，テレビの報道番組で日本の食品ロスの多さとフードバンクを紹介していたのを観て感銘を受けたという。その後，自宅を事務所に車庫を倉庫代わりにしてフードバンク活動を開始した。当時はフードバンクの文献も情報もなかったため，都内のセカンドハーベスト・ジャパン（以下，2HJ）を訪ね，代表のチャールズ・マクジルトン氏に教えを請うた。地元山梨県には2HJのように食品企業から食品や寄付金を調達できる見込みがなかったこともあり，フードバンク活動への賛同者を募るための学習会から始めた。その後，月1回2HJから食品を譲り受けつつ，県内の企業1～2社からの協力を得てフードバンク活動を開始した。

　設立から1年間は施設や団体へ食品を供給するのみだったが，2年目の2009年からは南アルプス市福祉課と協働して，市役所の窓口で食品を手渡すことを始めた。これが，「食のセーフティネット事業」の始まりで，その後山梨県内に広がり，行政と連携した事業として全国にも広がっている。

表9-1　フードバンク山梨の活動の歴史

| 年 | 項目 |
|---|---|
| 2008 | 任意団体としてフードバンク山梨が発足 |
| 2009 | NPO法人取得，南アルプス市小笠原に事務所開設<br>南アルプス市と協働して「食のセーフティネット創造事業」を実施 |
| 2011 | 東日本大震災支援活動として，20便，約25トンの寄贈食品を輸送 |
| 2012 | 遊休農地を利用した就労準備支援のための「フードバンクファーム」を開設 |
| 2013 | 相談支援室を開設し，食のセーフティネット事業利用者への相談支援事業開始 |
| 2014 | 新潟県立大学とNHKとの共同による貧困世帯の子どもの食生活調査を実施 |
| 2015 | 「フードバンクこども支援プロジェクト」開始<br>全国11のフードバンク団体と「全国フードバンク推進協議会」設立 |
| 2016 | 南アルプス市百々へ事務所移転<br>認定NPO法人となる<br>グッドデザイン章受賞 |
| 2017 | 第2回賀川豊彦賞受賞 |

資料：米山けい子『からっぽの冷蔵庫-見えない日本の子どもの貧困-』及びFB山梨事業報告書より一部改変・転載。

現在の職員は10名で運転手はいない。ドナーによる食品の持ち込みは直接倉庫へ届けるようにお願いし，貧困家庭への配送は宅配便を利用している。これは，フードバンクの車が貧困家庭に停車すると，その家族は恥ずかしがるという「恥の文化」を配慮しているためである。

### 2）行政との協働から寄付への転向

FB山梨は行政と協働しながら活動を続けた。しかし近年，地方自治体の福祉関係の予算縮小に伴い，FB山梨への拠出金や補助金が減額され，結果として自立の道を歩むようになった。現在は行政との協働から企業や市民からの寄付という次段階に移行している。

国と山梨県の補助事業だった「絆再生事業」（2012～2014年）が終了し，FB山梨が市町村と独自に契約する方針になった。2017年度は6市との契約を行うとともに，貧困家庭の子どもに関する情報の提供を受けている。

表9-2　連携機関数推移

| 年度 | 2010 | 2011 | 2012 | 2013 | 2014 |
|---|---|---|---|---|---|
| 連携機関数 | 23 | 30 | 43 | 46 | 49 |

資料：フードバンク山梨事業報告書より筆者作成。

第9章　行政との協働から自立へと進化するフードバンク山梨

図9-1　連携団体分布図

出典：ヒアリング調査時，FB山梨より提供資料。

　また，就業支援などの委託事業も減ってきており，山梨県から2015年度下半期に500万円，2016年度通年で500万円と減り，2017年度は同事業が打ち切りとなった。2016年度の受け取り助成金は1,066万円，受け取り補助金は2,279万円である。

　2015年度から行政の支援が急減してから，FB山梨は一社一社回って企業の社会的貢献の支援をお願いした。特に小林製薬からの年間1,000万円の寄付は大きい。この寄付の契機は2015年1月にNHK「クローズアップ現代」の放送でFB山梨が紹介されたのを同社の会長が視聴していて，子どもの貧困に心を痛め，FB山梨へ毎年寄付を行っているという。また，個人からの寄付金も増えており，相続資産の中から100万円を寄付した人もいる。2016年度は200社の企業と延べ1,800人の個人から寄付を集めることが出来た。受

表9-3　主な収入源等の推移

| 年度 | 事業等名称 | 金額 |
|---|---|---|
| 2015年度 | 寄付金（小林製薬） | 1,000万円 |
| 2015年度下半期 | 就業事業 | 500万円 |
| 2016年度 | 就業事業 | 500万円 |
| | 助成金 | 1,066万円 |
| | 補助金 | 2,279万円 |
| | 寄付金 | 3,135万円 |
| 2017年度 | 正味財産 | 4,766万円 |

資料：ヒアリングより作成。

け取り寄付金は3,135万円である。その結果，正味財産は確実に増加し，2017年3月末現在4,766万円になっている。

　最近の変化としては，企業から寄贈される食品が減少していることである。これは2HJを経由して寄付を受けていた食品が2HJのアライアンスに加盟していないと貰えないようになったためである。2HJのアライアンスに加盟することは，FB山梨の独自性を保てなくなることをFB山梨は危惧し，2HJからの受け取りを中止した。FB山梨は独自に食品企業から寄付される数量が少なく，山梨県内の穀物加工メーカー（株）はくばくからうどん粉，そば，押麦などを寄付されているが，定期的でまとまったものではない。

　そのため，食料支援分の食料はフードドライブの寄付でほぼすべて賄う。ただし，子どもたちへのプレゼントやおやつメニューの企画の際にはホットケーキミックスを購入する場合もある。

## 第2節　活動の特徴

　以下，第9回定期総会資料に沿って，2016年度の事業活動を見ていこう。

### 1）食のセーフティネット事業

　食のセーフティネット事業とはフードバンク団体が行政や社会福祉協議会，支援団体等の公・民の機関団体と連携することで生活困窮者を把握し，支援が必要と認められた人々に食料を届けるシステムである。行政機関などから

第9章　行政との協働から自立へと進化するフードバンク山梨

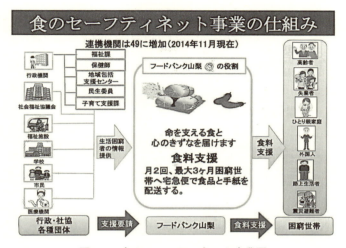

図9-2　食のセーフティネット事業図

出典：ヒアリング調査，FB山梨より提供資料。

表9-4　食のセーフティネット事業の支援概況

| 1～2人世帯 | 平均7kg |
|---|---|
| 3人以上世帯 | 平均12kg |
| 合計（延べ2,336世帯） | 延べ約2トン |

資料：ヒアリング調査，FB山梨提供資料。

の生活困窮者に関する情報提供に基づき，FB山梨が宅配便で月に2回，最大3か月間，困窮世帯に食品を配布している。連携機関の担当者から食のセーフティネット事業への申請書を受け取り，個別ファイルを作成後に，家族構成や状況に応じて食品を選択し，困窮世帯へ宅配便で食品を配布する。1人から2人世帯には平均7kg，3人以上の世帯には平均12kgを目安に送っている。第2・4週の木・金曜日が箱詰め日であり，5～8人程度のスタッフで箱詰めを行っている（野田 2016）。

この事業の特徴は，食品を送る対象者の選定を行うのは市町村福祉課，生活保護担当，社協など生活困窮者とのつながりの深い機関であることである。生活困窮者に食品を宅配便で送付している世帯数は，延べ2,336世帯，約2

表9-5　食のセーフティネット事業実績

|  | 2011年度 | 2012年度 | 2013年度 | 2014年度 |
|---|---|---|---|---|
| 連携機関 | 30機関 | 43機関 | 46機関 | 49機関 |
| 食品の配送件数 | 1,888件 | 3,088件 | 4,032件 | 4,379件 |
| 配送重量合計 | 17トン | 28トン | 37トン | 39トン |

資料：ヒアリング調査，FB山梨提供資料．

表9-6　食品を配布している団体及び施設

| 種類 | 箇所 |
|---|---|
| 障害者通所施設・授産施設 | 56 |
| 行政（市町村福祉課・県機関） | 23 |
| 社会福祉協議会 | 20 |
| 老人施設 | 18 |
| その他施設 | 11 |
| 児童養護施設 | 7 |
| 外国人支援施設 | 4 |
| 自立支援・生活困窮者支援施設 | 4 |
| 路上生活支援団体（炊き出し） | 1 |

資料：FB山梨のホームページより一部改変・転載．

トンの食品を配付した．また，食品以外にも季節に応じた七夕の短冊やクリスマスやバレンタインのカードを同封している．

## 2）フードバンクこども支援プロジェクト

　このプロジェクトは小林製薬(株)と連携し行っているが，母子家庭支援のために，夏休みは5回，冬休みは1回の食料支援を行っている．夏冬合わせて延べ733世帯（こども1,566人）13.6トンの食料支援を行った．冬休みの食料支援には，普段プレゼントをもらう機会が少ない子どもたちにクリスマスプレゼントを同包するなど細やかな心遣いを行っている．

## 3）フードドライブの活動

　Jリーグ・ヴァンフォーレ甲府との共同でフードドライブを開催し，合計で426kgの食品を集めている．これはヴァンフォーレ甲府のホームゲームがあるとき，ボランテイアが寄付食品の受け付けと整理を行い，合わせて来場者にフードバンク活動の啓発を行うものである．

このほかに，企業や団体からのフードドライブが4.3トン，市民が直接FB山梨の事務所に寄贈した食品が2.9トン，高校，大学，専門学校など17校で実施したスクール・フードドライブでは1.9トンの食品が寄贈された。

### 4）学習支援活動

経済的な理由で学習塾に行けなかったり，親が働くのに精一杯で子どもの学習を見ることが出来ない家庭を対象にして，様々な学習支援を行っている。夏休み中に2回，冬休み中に1回とまだ回数は少ないが，活動は徐々に周知されつつある。延べ78人の子どもが参加している。

そのほかの取り組みとしては，「えんぴつひろば」がある。毎週土曜日に山梨県中央市で無料塾を行っている。講師は大学生や退職教員である。これは，貧困の連鎖を断ち切るために，勉強の楽しさや補習を行い，昼食の提供も行っている。

表9-7　FB山梨における食品の取扱実績
(単位：トン，百万円)

| 年度 | 食品取扱重量 | 同左換算金額 |
| --- | --- | --- |
| 2009 | 26 | 15.8 |
| 2010 | 60 | 36.1 |
| 2011 | 87 | 52.4 |
| 2012 | 99 | 59.5 |
| 2013 | 100 | 60.0 |
| 2014 | 105 | 62.7 |
| 2015 | 79 | 47.3 |
| 2016 | 53 | 31.9 |

資料：FB山梨のホームページより一部改変・転載。
注：1）金額換算は，1kg×600円として計算。
　　2）2009年度のみ，9月～3月までの期間。

## 第3節　ボランティアの参加の現状と課題

### 1）ボランティア活動の現状

フードバンクで取り扱われる食品は商品ではない。使用価値はあるが，交換価値がない食べものである。それ故，一般商品のような物流を経由するこ

とはできず,特別の流通経路と作業が必要になる。そこで活躍するのがボランティアである。ボランティアは賃金を得ることなく無償の労働をフードバンクのために投入する。

FB山梨の場合,食品の引き取りは企業や個人が倉庫まで出荷し,梱包された食品の輸送は宅配業者に委託しているので,もっぱら食品の梱包作業をボランティアが担うことになる。

当初,食品の箱詰め作業を土曜日に設定し,学生や社会人の参加を促した。しかし,土曜日は様々な行事がありボランティアが参加しづらいため,行政との連携も考慮して平日の作業に変更したと言う経緯がある。

新規ボランティアの参加を促すためには,ホームページやチラシなどによりボランティアの参加を促している。また,学生グループをフードバンク活動に参加してもらう取り組みを行っているが,学生の卒業とともにそれらグループとのつながりが薄れるということもあった。

現在は,ボランティアグループ「青少年ボランティアサークル甲斐縁隊」(以下,甲斐縁隊)との協働は定期的に活動を行うようになった。甲斐縁隊は2002年4月に結成されたNPOである。会員は約50名で,山梨県内の大学(山

**写真9-1　FB山梨の倉庫**

資料:筆者撮影

梨大学，山梨県立大学，山梨学院大学，山梨英和大学）の学生が大部分を占めているが，中学生から社会人まで幅広い年代の人が活動している。甲斐縁隊のお手伝いは青年にフードバンク活動を周知するという役割も期待される。

### 2）ボランティア活動の課題

　フードバンクが認知されるようになって，ボランティアも増えてきた。2017年12月24日に開催した子ども支援プロジェクトの箱詰め作業には高校生が150人，一般募集が50人集まった。ボランティアは各人の自由な意志に基づく無償労働であるので，組織として活動を継続的に行うことは難しい。FB山梨はボランティアリーダーの育成に注力しているが，常時参加できる人を確保するには至っていないのが現状である。現在はボランティアとして参加年数が長い人に新規参加者への指導をお願いしている。これがリーダー育成に結びつくか否かは未知数である。

　また，ボランティア活動が多角化するに従い，プロジェクトの企画立案を担う人の養成も必要になる。ボランティアの活動の場を広げ，具体的な活動方法についてボランティアに周知するには職員だけでは手が回らない。プロジェクトの実施に際しては，ボランティア説明会で企画の検討や実施方法などを話し合いながら進めていくという方法をとっている。

## 第4節　これからの展開課題

　FB山梨の今後の展開課題は次の通りである。第1は，今後も企業や個人の寄付に支えられ，活動の多元化と深化を進めることである。その前提となるのは，今後も企業や個人からの寄付が潤沢に集まることである。日本は欧米と異なり，寄付文化が無いと言うことは通説となっている。CAF WARLD GIVING INDEXの世界寄付ランキングでは，日本は145カ国中102位，先進国中では最下位である。個人寄付総額の名目GDPに占める割合は，寄付先進国のアメリカが1.5％であるのに対して，日本は0.2％にとどまる

（AERA 2016）。2016年10月より認定NPO法人になり，寄付した個人や法人には寄付金控除が受けられるようになったことは，寄付金獲得に追い風が吹いているが，フードバンクの社会的認知が高まるとともに，寄付文化が日本にも広がることを願いたい。

　第2は，FB山梨がほかのフードバンクや生協，卸売市場との連携を進めて，生活困窮者への食料支援の内容を豊富化することである。現在，FB山梨では生鮮食料品は衛生管理の問題があり扱っていないが，貧困家庭の食生活を考慮すれば生鮮食品の寄付も今後検討する必要があると考える。

　寄付を受け入れている食品は，米（2016年度産以降の籾，玄米，白米），防災品，菓子，根菜類，粉ミルクなどである。そして，賞味期限が1ヶ月以上あり，未開封のものに限って寄付を受け付けている。貧困家庭では栄養状態も偏っていると予測され，この改善のためにも，生鮮品や冷凍食品の受け入れと配付は必要になろう。

　いずれにしても，FB山梨は発足して12年目であるが，目覚ましい活躍を遂げており，今後のさらなる展開に期待したい。

## 引用文献

［1］認定NPO法人フードバンク山梨（2017）『第9回的総会資料』
［2］米山けい子（2018）『からっぽの冷蔵庫―見えない日本の子どもの貧困―』東京図書出版
［3］認定NPO法人フードバンク山梨（2017）『2017年度活動報告書』
［4］NPO法人フードバンク山梨『決算報告書』第1～7期
［5］野田健斗（2016）『行政との協働によるフードバンク活動―特定非営利法人フードバンク山梨を事例として―』2015年度東京農工大学農学部生物生産学科卒業論文
［6］AERA「日本に寄付文化根付かない理由『税金で十分。高収入でも生活に余裕なし』」（2016年6月27日公開，https://dot.asahi.com/aera/2016062400242.html）2018年4月27日参照）

（野見山敏雄・野田健斗）

# 第10章

# フードバンク多文化みえにみる地方都市での活動成立要件

## 第1節　はじめに

　周知の通り，1960年代の米国に始まるフードバンク（以下，FB）活動が世界的な広がりを見せており，日本でも2000年のセカンドハーベストジャパン（以下2HJ）の取り組み開始以来，徐々に全国に浸透しつつある。

　この活動は，食品ロス対策と困窮者対策の結節点と捉えられることが多く，行政的には，農水省と厚生労働省の所管と思われるが，国内では農水省が情報収集を行っており，その委託事業として平成29年3月に公開された報告書（流通経済研究所（2017）「国内フードバンクの活動実態把握調査及びフードバンク活用推進情報交換会実施報告書」）では77の取組が捕捉されている。

　その報告書のp.5～p.7にわたる一覧表で取り挙げられた団体を，年間の取り扱い規模でみると（**図10-1**：国内の活動のリーダー格である2HJの取扱量に関しては，他団体への支援も多いためか当該資料では非公開であるが，それを除いて多い順に県別でみると），鹿児島1団体580トン，愛知2団体502.5トン，兵庫1団体200.5トン，群馬2団体150トン，石川1団体150トン，山梨1団体129トン，大阪1団体114トン，北海道5団体172トン，宮城2団体95トンとなっている。受給世帯数が不明であるため，この数字だけで活動の実態を把握することは難しいが，食品ロス対策からのアプローチではやむを得ないところかもしれない。

　ここで挙げた以外の団体の取扱量は概ね50トン以下であり，少ないものでは1.1トン，0.7トンといった規模の活動も見られる。全体的には，先進的に

第Ⅱ部　日本のフードバンクにおける現状と課題

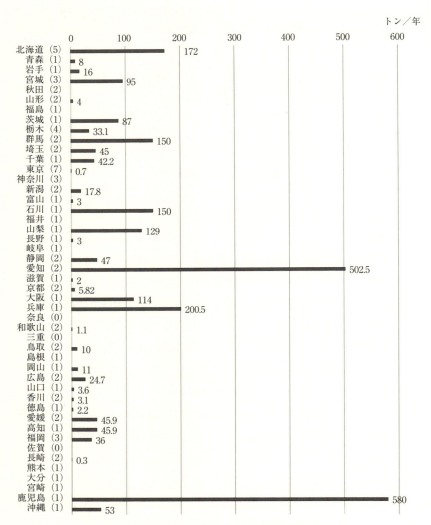

図10-1　国内フードバンクの県別食品取扱量

資料：流通経済研究所（2017）「国内フードバンクの活動実態把握調査及びフードバンク活用推進情報交換会実施報告書」掲載の数値をもとに筆者作成。

注：1）カッコ内は団体数である。
　　2）2HJ など一部 FB の食品取扱量は非公開である。

第 10 章　フードバンク多文化みえにみる地方都市での活動成立要件

取り組んだ，特に都市部で成立したFBが活発に活動している様子が見られる。しかし，地方ではこの報告書にリストアップされていない団体の活動が確実に展開している。前述のように，この報告書では77団体が捕捉されており，44都道府県に1団体は存在するとされているが，三重，奈良，佐賀の3県は空白である。しかし，そのうちの三重県では上記報告書の公開時点においてもすでに2団体が活動しており，報告書が国内すべての活動を補足しているわけではない。ちなみに，77団体中，57団体が法人格を有しており，都市域，地方域に関わらず，活動の特性上，法人化による信頼確保が要件の一つとなっていることが推測される（**図10-2**）。

　供給者，受給者ともに多くの主体が見込まれる都市部と異なり，地方でのこうした活動はそれぞれ特有の条件・制約の下で取り組まれていることが想像される。格差社会が徐々に認識されつつあるが，それでも総中流社会幻想から抜け出したばかりの日本において，平等であるはずの市民が生活の基本的要素である食べ物まで助け合わないといけない状況にあるという危機認識はまだまだ醸成されていないように思われる。しかし，貧困は結果的に食の欠乏を導き，衣・住という外観だけでは想像できない食の危機に陥っている生活困窮者が多く存在している現実がある。

　こうした問題への対応は，従来，生活保護などの福祉対策として厚生労働省が担ってきており，それなりに生活困窮者支援などの制度も整えられているが，問題のすべてに対応できているわけではない。一方で，2015年の国連サミットで採択されたいわゆるSDGsで食品ロス対策が世界的課題として共有されたこともあり，近年は前述のように，農水省が食品ロス対策の一つとしてFB活動などを紹介している。

　ここでは，二つの疑問が現れる。まず一つには，食品ロスの発生が生活困窮者支援の前提なのか，ということである。

　生活困窮者対策は，所得分配の失敗を補完するための再分配の試みとして位置づけられるものであり，それは一見，システムのいずれかの段階における余剰の発生として現れていても，あくまで分配システムの不備を補うもの

第Ⅱ部　日本のフードバンクにおける現状と課題

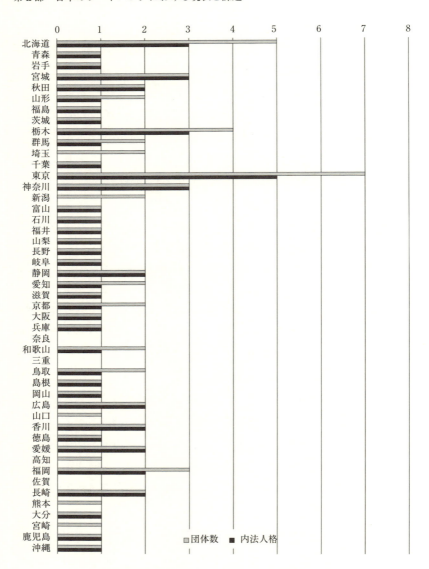

図10-2　国内フードバンクの県別団体成立数

資料：図1に同じ。

第10章　フードバンク多文化みえにみる地方都市での活動成立要件

として取り組まれるものであろう。確かに，行政的には予算として，民間の活動としては資金として，その取り組みに外枠が与えられることは当然であるが，飢えに苦しむ人を救うのに，他所で余っているから，という動機は倫理的に許されないのではないか。少なくとも，余っていてもいなくても，目の前に苦しむ人がいれば何らかの救いを提供するのが，社会の役割である。そのうえで，他に余剰処理で困っているところがあるのならば，支援の一つの手段としてそれらを結び付ける選択肢の一つとしてFBが成立するのではないか。

　もう一つは，生活困窮者支援活動が食品ロスを処理する仕組みとしてシステム化できるか，である（言い換えれば，食品ロスが解決すれば自動的に生活困窮者支援も達成されるのか。逆に，食品ロスの消失で困窮者支援の原資が不足することになるのでは，本来の意味が取り違えられることになってしまうのではないか）。余剰食品の処理と支援を結び付けたシステムが構築されたとして，食品を提供すれば困窮は解消されるのだろうか。一時の飢えは凌げても，それは困窮の原因解消に結び付くものではなく，また，困窮の原因ごとのシステム構築が困難なことも自明である。余剰食品の提供は，その解消方法を当人が手に入れるまでの間，食のセーフティネットを提供するという役割を果たすことしかできない。それを果たすことは急務であるが，その次の段階の支援を並行して準備することが必要であろう。

　繰り返しになるが，不用品が出ることが生活困窮者支援の動機ではない。そうであれば不用品が出なければ支援は中止されることとなってしまう。逆に，支援の現場では，当初，不用品の処分が動機ではあっても，目的としてはすぐに遺棄される。つまり，現実に向き合った活動参加者はすぐに，不用品の処分どころではないという問題の深刻さに気付くこととなる。手弁当などにとどまらず，私財を持ち出して活動を続けている例さえある。さらに，欧米のFB活動では，提供された食品では栄養バランスに欠けると判断した場合は，生鮮品などを購入してでも支援を行っている例もある。

　ともあれ，本論で取り組むべきは，実態の認識と可能な実践方法の探索で

第Ⅱ部　日本のフードバンクにおける現状と課題

ある。前述のように，都市部ではFBが様々な提供者やさらには寄付者までもが獲得できる可能性が相対的に高いが，そうした条件について地方での困難は想像に難くない。他のFBとの連携がそうした困難の克服方法の一つであろうが，流通経済研究所（2017）においては，他のFBから食料提供を受けているのは，77団体中，17団体にとどまっており，団体会の連携は今後の課題である。そもそも，こうした実践に伴って発生する問題の全面的解決は不可能な課題への接近であるが，それでも，地方で展開するFB活動はどのように成立し，活動を持続しているのか，その要件と課題の一端を明らかにしたい。

## 第2節　三重県のフードバンク活動とそのアクター

### 1）三重県の概況

　全国各地のFB活動において，被支援の対象者やその生活構造は様々であろうが，三重県におけるFB活動は，困窮状態にある在留外国人労働者（特にブラジル国籍の）家庭の支援から始まっている。

　総務省統計局日本の統計2017，法務省在留外国人統計2017年6月によると，三重県における在留外国人人口（2017）は，44,176人で全国14位（三重県以外の東海3県はすべて上位に入っている），外国人比率は，上位14都府県中2.4％で7位，前年度増加率は28％で5位。ブラジル人に限れば，トップ5に，東海地域4県がすべて含まれる。また，市町別でブラジル人人口が最も多いのは1位の浜松市で9千人，2位豊橋市7千人，3位豊田市6千人，4位群馬県大泉町4千人と続くが，三重県では，13位に鈴鹿市，23位四日市市，25位津市，26位伊賀市とTOP30に4市が挙がっており，人口は，4市ともに2000人台となっている。**表10-1**に示すように，上記5県におけるブラジル人居住者の生産年齢人口係数はすべて70％後半であり，三重県の全人口は1,850,028人で全国22位，生産年齢人口は1,102,213人で生産年齢人口係数は59.6％である。日本人の生産年齢人口係数の低下を外国人労働者が補完して

第 10 章　フードバンク多文化みえにみる地方都市での活動成立要件

表 10-1　ブラジル人居住者の生産人口係数

| | ブラジル人口（人） | 全国順位 | 生産年齢人口（16-64 歳）（人） | 生産年齢人口係数（％） |
|---|---|---|---|---|
| 岐阜 | 10,564 | 5 | 8,090 | 76.5 |
| 静岡 | 27,473 | 2 | 21,151 | 77.0 |
| 愛知 | 52,919 | 1 | 40,924 | 77.3 |
| 三重 | 12,683 | 3 | 9,831 | 77.5 |
| 群馬 | 12,422 | 4 | 9,504 | 76.5 |

資料：総務省統計局日本の統計 2017，法務省在留外国人統計 2017 年 6 月。

いることが読み取れる。

　三重県でFB活動を行っているのは，フードバンク多文化みえ（以下多文化みえ），フードバンク三重（以下FB三重）の民間の二団体および社会福祉協議会（以下社協）であり，多文化みえは法人格を有していない任意団体，FB三重は法人格を有するNPOである。提供元と提供先を結ぶ定常的な配布活動を行っているのは前者であり，後者は定常的な提供元，提供先を固定せず，HPや市の広報への掲載情報からアクセスしてくる提供希望者・受給希望者に対して随時，引き取り，配布を行っている。結果的に，提供・受給とも団体ではなく，個人がほとんどである。社協は，セカンドハーベスト名古屋（以下2HN）から，不定期に食品の提供を受けており，これら三者間の連携はまだ見られない。

　以下では，定常的な活動を行っている多文化みえの活動を中心とするFB活動の現状を確認することとする。この活動を構成するアクターは次の三者である。

①フードバンク活動団体：多文化みえ
　提供者と生活困窮者支援団体との仲介
　FBは最終受給者ではなく，困窮者を支援する団体に食品を配布する中間的存在であり，受給者を日常的に支援している団体の存在こそが，FB活動の前提である。
②生活困窮者支援団体：多文化みえから提供を受ける団体としてリスト化さ

れているエスペランサ，キンゴソリダリオなど41団体。
③食品提供元：活動のパートナーとして協力関係にある。
・津市内食品スーパー7店舗：後述
　　伊賀市内青果会社：熟成見本，検品のため開封した箱の全品。2HN名義で領収証発行。
・松阪市内精油会社：調味料，試作品の中には，外国人の嗜好に合ったものもある。2HN名義で領収証発行。
・名古屋市内2HN：認定NPOであり，国内二番手のFBである。自団体での食糧配布支援は行政手続きの済むまでという理由づけにより，受給者当たり3回までに制限している。東海三県の他のFB支援も行っており，直接受け取りに出向く多文化みえだけでなく，津市の社会福祉協議会へも宅配便を介して供給している。団体を介さず直接供給を受ける受給者もおり，2HNの県別支援先としては三重県が最多である。

## 2）フードバンク活動団体

　多文化みえの活動を中心となって担っているのは，代表のN氏および，スタッフのA氏（後述）である。

　2009年から2HNが三重県内へ食料提供を開始し，当時は，県内の外国人労働者の生活支援を行うNPO法人愛伝舎が配布活動を担っていた。その受給団体の代表であったN氏が自らの団体の活動休止を機に交代し，後に，任意団体として多文化みえが成立した経緯がある。この交流を背景に，法人格を有していない多文化みえは，認定NPOとして法人格を有する2HN三重支部として供給を受け，受給団体に配布している。活動日は，N氏の本業（外国人労働者支援を目的とする人材派遣業）の時間を割いて，基本的に金，土を活動日としている（後述の食品スーパーからの回収は毎月11日，配布は金，土であるが，青果会社からの提供連絡があった際は随時，受け取り配布を行う）。年間取扱量は，2HNからの2トン，食品スーパーからの0.5トン程度である。

第 10 章　フードバンク多文化みえにみる地方都市での活動成立要件

　取り組みに至る経緯としては，代表の経営する津市内のブラジル人学校が2HNから物資の提供を受けていた経緯があり，リーマンショックの影響で閉校した際に，受給者からFBにその立場を転換した。現状認識としては，「様々な主体からFBへの物資提供が進んだとしても，それを最終受給者に届けることができる団体が少ない。提供を必要とする人・団体は多いがそこへ持っていけるFBが利用可能な範囲には存在しない。提供可能な企業などに受給者の現状を知ってもらうことだけでなく，FB活動の実態，現状での限界などの理解も求める必要がある」とのことである。

　現在，多文化みえには41団体約3,400世帯が受給者として登録しており，そこには外国人を主な対象とする生活困窮者支援団体，障碍者支援団体，日本語教室などがある。ただし，その中には，もったいない発想で取り組む団体もあり，そうしたところは，現在は登録のみで，ほとんど配布を行っていない場合もある。2017年度に配布した団体数は，延べ313，月あたりの団体数は約26，配布日は113日である。金曜，土曜が中心で配布日1日あたり約2.8団体，少ない日で1団体，多い日で10団体となっている。

　取組の特徴は，食品スーパーからの提供を受けていること及び，上述のように，その際には，2HNの支部として物品を領収していることである。前者については，多くのFBは，食品メーカーから提供された物資を各家庭向けに組み合わせて配布していることが多く，食品スーパーから供給を受けている事例は貴重である。食品スーパーからの提供品目が多様であることで，各家庭への配布品目も豊富になる可能性がある。ただし，実際は，メーカー供給品は量がまとまっているので分けやすい反面，スーパーからのものは種類は多様であっても，それぞれの量が少ないので分けにくいという問題もあるとのことである。

　後者については，多文化みえ自身は法人格を有しておらず，したがって法人としての便益を受けられない代わりに，活動の制約も受けない。柔軟な取り組みが求められる現場においては後者が重要であり，2HNの支部としてそのデメリットを埋め合わせている。

活動可能日が少ないことから、事務所は保管場所として機能しており、さらに、津市内の協力者の倉庫の片隅にも保管場所を確保している（**写真10-1**）。

### 3）受給団体

#### （1）エスペランサ

多文化みえの配布先は、それぞれが困窮者支援を行う団体であり、各団体が個々の家庭に食料を届けている。その一つであるエスペランサは、困窮者の全体的な生活支援を行う団体であり、

写真10-1　フードバンク多文化みえの食料倉庫
資料：筆者撮影。

その一環として多文化みえからの食料提供も受けている。同時に、代表のA氏は、多文化みえスタッフを兼任している。

A氏は、元教育職にあり、リーマンショック後に、主にブラジル籍の児童の保護者たちが次々と解雇され、行き場を失っていく現状を目の当たりにした。当時の同僚である津市立S小学校の教員たちによって2009年3月にそうした児童たちの支援の取り組みが始まった。当初は教員やその周辺の人たちで家に余っているものを小学校に集めて活動をしていたが、A氏が異動通知を受けた際に、この場を離れるわけにはいかないと、58歳で早期退職したことを契機に、2014年3月に団体として発足した。独立後は、寄贈食料の保管場所を小学校から移し、近くの公民館に引き受けてもらうことで活動を続けた。

その後、活動範囲を広げるために拠点を変え、津市を中心に市外も含めた外国人居住者の支援を始め、現在は津市国際交流支援の補助金を受けている。それに伴って、事務所の使い方、支援対象者の居住範囲についての制約も受けるようになった。

被支援者に提供する食料は、多文化みえからの他にも、エスペランサ自身で集めた食料も含まれる。基本的に、食料の配布は各家庭へ月一で行ってい

第10章　フードバンク多文化みえにみる地方都市での活動成立要件

るが，足りないときは追加で送る。また，受給者の状況に応じて必要なものなどは購入して渡している。

配布先に厳密な受給資格を設けてはいないが（定義を明確にすると活動しにくい），子供のある家庭を優先している。2017年，物品を受給した家庭は約70世帯，本年1月の受給者は30世帯，延べ52回である。受給量は増やしたいが（受給者にはもっと必要であるが），配布能力としては限界である。また，受給者にとっては食品を配るだけでは済まず，次のような，個々に多様で深刻な背景があり，様々な支援を受けるための役所への手続きも手伝っている。

写真は，実際に配布されたものである。対象は3人から5人世帯となっている。バナナ以外に生鮮品がないことと，主食が提供できることは稀であるため，あくまで，食材の一部を支援する内容となっている（**写真10-2**）。

**写真10-2　一世帯向け配布品の一例**
資料：筆者撮影。

〈受給者・支援者の実情〉

・突然，車で生活をしていた受給者から「今から死ぬ」と電話が来る。あわてて，場所を聞いて駆けつける。何度も説得するが応じない。温かい食べ物と飲み物を差し出すとようやく安心した顔をしてもう一度頑張ってみると約束してくれた。

・父子家庭の外国人親子の場合，父の給料は月に10万程度だったが，4月に子供の入学金などで17万円の支払が必要となり，給料すべてをそれにあて

た。そこで，時給1,000円でエスペランサで働いてもらうこととしてお金を渡した。
- 母子家庭の外国人親子の場合，母親が子供にランドセルを持たせたいと，お金を貯めて買いに行ったが，ランドセルの金額には届かなかった。そこで，エスペランサが用意していたランドセルを子供に渡した。
- ガスが切れた家庭にはカセットコンロとガスボンベを支給する。慣れている人であれば，基本ガスコンロは持っているため，ガスボンベのみを渡す。2017年配布したガスボンベの数は42本。
- 毎年クリスマスにはプレゼントとして日常的に配布しているものと違うものを渡している。車で生活している人には大量のカイロを渡したこともある。
- 年金暮らしの対象者には年金が入るまでの一時的なものとして支援を行っている。カップ麺などの食べ方がわからないこともあるため，袋から開けてそのまま食べられるもののみを渡している。
- 何度か新聞に取り挙げられ，東海版で紹介されることはあったが，全国版に初めて掲載された際に，NPOイエローエンジェルの創立者の目に留まり，寄付を受けた。その寄付金を食料提供元の食品スーパー各店舗に留め置くコンテナと集配車に積み込む台車の購入費用に充てることができた。ほかにも何か困ったときはいつでも連絡をくださいと言われている。
- 支援協力者にはメールネットワークに登録してもらっており，困ったときはすぐに連絡して支援金や労働提供などを受けている。
- フェイスブックでいらないお米はないかと呼びかけた際には，古米が30kg袋で5，6袋届いた。また，新米も何袋か寄付を受けた。

(2) キンゴソリダリオ

キンゴソリダリオは，四日市市で困窮者支援に取り組む団体の一つであり，代表は，日系ブラジル人のS氏である。四日市市にあるN学園というブラジル人学校の前校長であり，MBA取得者でもある。来日以前は企業のコンサ

第 10 章　フードバンク多文化みえにみる地方都市での活動成立要件

ルタント業に従事し，日本滞在約10年，現在，鈴鹿市立中学校の員外配置教員に就いている。

　活動範囲は，四日市市笹川地域を中心に，困窮家庭，教会など（桑名市の日本基督教団桑名教会へも届けることもある）である。

　活動内容としては，食料だけでなく，生活に必要なものはできる限り支援している。支援対象者は，ブラジル人が多く，季節が逆の国から来るため冬物を持っておらず，寝具もない場合が多い。平日日中はS氏の勤務のため，夜間・土日の活動となる。N学園は多文化みえのN氏が2HNからの帰りに物資を配れるが，キンゴソリダリオに寄る時間的ゆとりがないため，エスペランサのA氏がいったん受け取り，津市からS氏のところまで配達している。また，食品以外は，近隣の高齢者施設から支援を受けることもある

〈受給者の実情〉

　支援対象は，約60世帯，内，日本人家庭20世帯で，シングルマザーが多い。これまで延べ200世帯を支援してきたが，被支援から抜け出し自立していく世帯も多い。実情としては，子供に食事を与えずに働きに出かける家庭が見られ，子供にとっては，学校給食だけが摂食機会となる。夏休み中に弁当が必要な時には友達から離れるしかない。

〈背景〉

　多くのブラジル人家庭の子供は，当初，N学園に入学するが，学費は一人月額6万円（二人なら8万円）と負担は大きい。公教育を受けられる状態になれば転学するが，それまでは高負担であっても，教育機会として貴重である。また，日本の市街地は地代が高いので，家を建てられる家庭は郊外へ出ていき，結果的に外国人労働者が滞留する市街地での保育所や幼児教育の施設は不足気味という事情も背景にある。

**4）食品提供元**

　前述のように，多文化みえに食品提供を行っているのは2HNの他に県内の企業3社があるが，定常的に月1回の日を決めて提供しているのは，津市内

に数店舗を構える大手の食品スーパーであり，その供給体制と姿勢は，次の通りである。

　供給品は日持ちのするもののみに限定し，生鮮品は除外している。多文化みえの活動拠点である津市内の店舗から取り組んでいる。（ちなみに生鮮品の処理に関しては，S店店長によれば，食品スーパーの食品循環資源（生ごみ）リサイクル率は90％に達しており，三重，愛知とも実績のある堆肥化業者がいてくれるおかげとの認識である。）

　賞味期限が迫ってきた商品を値引き販売に回すか，FBに提供するかは店長もしくは販売責任者の判断による。供給しているのはあくまでも商品であり，廃棄品ではない。また，万一のリスクを避けるためPB商品は供給しない。

　つまり，食品ロス対策としてこの活動に参加しているわけではない。CSR活動として，物品よりも寄付金を提供したほうが良いかもしれないと考えている。また，この活動をポジティブに捉えれば，一時的に困難な状況にある対象者を支援しているという位置づけも可能である。将来の，各店舗の消費者となってもらえる消費者を育てていると考えれば，積極的に取り組むことは当然とも考えている。

　ただし，店舗の担当者のこの活動に対する理解・認識は様々であり，提供される物品の質量にもそれが現れているように思われる。店舗としては，欲しい人がいるのならもっと出したい気持ちはあるが，社内の取り決めなどによる制約もあり，現状が現実的なところとのことである。

## 第3節　フードバンク活動の全体像

### 1）モノの流れ

　多文化みえは，前述の大手食品スーパーの津市内の店舗から月1回（毎11日），食料提供を受けている。代表のN氏は，当日の開店時刻である朝9時に最初の店舗のバックヤードに到着，この後3店舗，併せて4店舗を周回する。別ルートの3店舗は，エスペランサのA氏が担当し，同時間帯に他店に

第10章　フードバンク多文化みえにみる地方都市での活動成立要件

到着する。

店舗では，ヤードに預け置きされた折りコン（リターナブルの折りたたみコンテナ）に供給品が用意されており，その品目ごとに量を記載した伝票が貼り付けられている。それにN氏が，2HN名義で領収のサインをし，担当者に手渡す。

写真 10-3　店舗で用意された寄贈食品
資料：筆者撮影。

後述のように，この後，7店舗を二人で分担し，午前中いっぱいをかけて，提供品を受け取りに回り，津市内で倉庫の一部を借りているスペースに保管し，登録されている団体に分配する。A氏は自らが主宰する支援団体であるエスペランサの事務所に持ち帰り，そこでの登録家庭に月に1回を基本に配分する。エスペランサでは，食料だけでなく，様々な生活用品も併せて提供し，生活全般にわたる支援，相談活動を行っている。

**写真10-3**は店舗から寄贈された食品の一例である。この折りたたみコンテナやこれを運搬する台車は前述のイエローエンジェルからの寄付によって調達されたものである。

### 2）情報の流れ

情報の流れは少々複雑で，上記のように，2HNの支部代表としてN氏がサインした領収証が店舗から2HNにFAXで送られ，さらに計量後，N氏が総重

| 受け取り署名：多文化みえ | →各受け渡し店舗 | →食品スーパー本部 |
|---|---|---|
| 持ち帰り後の計量結果：多文化みえ | →2HN | →食品スーパー本部 |
| 金額換算結果：食品スーパー | →2HN | |
| 寄付金額収書：2HN | →食品スーパー本部 | |

**図10-3　寄贈食品の受け渡しに関わる手順**

資料：筆者作成。

量を2HNに報告するという手順である。これらのデータに基づき，食品スーパー側で金額換算し，2HNはその金額での領収書を発行する。これが税申告の際には寄付金控除扱いとなる。簡略に示すと**図10-3**の通りである。

### 3）現段階

　前述のように，多文化みえが2017年度に配布した団体数は延べ313，月当たり約26団体である。金曜，土曜を中心に，イレギュラーの日持ちしないもの（バナナなど）の提供を受けた日などは当日に配布することもあり，2017年度の配布日は113日，少ない日で1団体，多い日で10団体，配布日1日当たりでは約2.8団体となる。

　各団体の配布している家庭数は把握しているが，各回にどれだけの家庭に配布されるかは把握されていない。配布を受ける団体の一つであるエスペランサが2017年1月に支援した家庭は30世帯，延べ52世帯である。ここから想定すると，最終的な受給者は月に一回程度の配布を受けていることになる。生鮮品がなく，加工品，貯蔵品，調味料，飲料などが中心であるため，十分な食材を提供しているとは言えないが，緊急度，需要量などをそれぞれの対象家庭ごとに判断できるだけの付き合いを保ちつつ，支援を継続している状態である。

　多文化みえのスタッフは，代表のN氏が物資の引き取り，配布を行い，受給団体であるエスペランサ代表のA氏が，兼任で，引き取り分担，会計，補助金と寄付金の申請・報告，それに関わる記録と文書の作成などを行っている。受給団体は，食料だけでなく，生活全般の支援を行っていることが普通である。食料支援だけでは支えきれないことが多いが，食料支援をしているから別の課題に踏み込めることもある。A氏は，食料支援と他の支援は，ともに不可欠なものだと感じている。

　現状で，受給家庭が充足しているか，限られた労力，時間，資金での配布活動が限界かどうかの判断は難しいが，よりも切羽詰まった状況になれば，セカンドハーベスト名古屋へ依頼要請を行うという手段が備えられている。

第10章 フードバンク多文化みえにみる地方都市での活動成立要件

## 第4節　考察：普遍的な課題と地方特有の課題

　FB活動は次のように，1）活動主体（仲介，配送），2）受給者（提供先），3）供給者（提供元）という要素から成り立っており，それぞれの成立，活動条件は以下のように整理できる。

### 1）活動主体の成立要件

　まず，前掲の農水省報告書（2017）では，既存の法人格を有した団体がFB活動にも取り組んでいる事例や，この活動のために法人化された団体が多く見られ，法人格のない団体は21団体27％となっているが，ここで取り挙げた多文化みえは，前述の通り，法人格は有しておらず，必要な時には，2HNの支部としての機能を活かしている。

　このように，法人格の有無が活動の持続性を保証するものとはなっていない。例えば，前述の活動事例には取り挙げなかったが，県内のもう一つのFB活動団体である，FB三重は，津市の公民館活動や民生委員の経験を有する代表者が立ち上げたNPO法人である。その活動は，津市や三重県の広報に取り挙げられたタイミングで寄せられる供給情報と受給情報を結び付け，連絡を受けるごとに代表者が収集，配布を行うということが主な内容であり，2017年の発足以降1年間での提供は約10件，配布先は約30件にとどまっている。

　また，対外的な機能だけでなく，代表者の交代を円滑にすることも法人化の目的の一つであるが，三重県でのFB活動においては，代表者の交代を想定することは難しい。もともとNPOは収益確保のために法人格を有しているわけではなく，活動資金は必要であるとしても，その活動によってそれを得ることが目的ではない。かえって，資金を投入してその活動を維持する団体である。多文化みえ，エスペランサ共に現在の代表が抱える負担を考えると，法人化して維持するよりも，やれる人やりたい人が自由に取り組めるよ

うに，法人化による様々な制約を抱えることは避けたいと考えているようである。

## 2）支援対象（受給者）とその社会的背景

国内のFBは，支援を必要とする個人に直接つながるものではない。多くは，生活困窮者を支援している団体へ配送し，その団体が最終的に被支援者に届けるようになっている。生活困窮者支援団体は，FB活動を行っているのではなく，生活全般の支援を行っている。

対象となる生活困窮者は地方によって異なる。多文化みえの場合は，外国人とくにブラジル人居住者であり，多文化みえから配布を受ける団体であるエスペランサ，キンゴソリダリオの受給者における外国人・日本人比率はともに3：1となっている。

## 3）提供元とその取組環境の整備

前述のように，事例に取り挙げた食品スーパーにおいては，FB活動は食品ロス対策として位置づけられるものではない。ただし，CSR担当課と各現場の担当者におけるFB活動への理解には相当の差が存在する。また，FB活動団体との意見交換の機会が設けられていない。つまり，現在は，モノの流れが構築された段階であり，その流れに乗せるモノの検討はこれからさらに進められるべきである。

食品として特に重要な生鮮品など保存期間の短い食品の配布ができていない問題は，FB側の困難な状況から克服は難しく，受給家庭に届けられるセット内容の栄養バランスにまで配慮がなされるには，まだ相当の経験が必要となろう。

特に，提供側におけるこの活動へのコミットメントを高めるには，善意に基づく行為に伴って発生するリスクの責任を行為者に求めない法的整備が求められる。この活動は必要であり，それを担う主体の不足が最大の問題である。多くの主体が活動に係るためには，その結果責任は公共が担うという仕

組みが必要であろう。

## 第5節　評価と展望

### 1）評価

　多文化みえはFBとして自立していなくても，2HNの仲介機能を利用させてもらうことで，地方都市でもFB活動が成り立つという有用な事例である。FBと困窮家庭を直接に支援する団体のさらに中間組織として機能しているわけであり，これが，地方でのFB活動展開の一つの重要な示唆になると思われる。

　また，食品スーパーという消費者に最も近い業態から提供を受けていることが意義深い。

　支援を受けている家庭の深刻さを考えると，食品ロス対策でとどまるのではなく，それをきっかけに，生活困窮者支援の枠組みにもっと明確に位置付けられるべきであろう。

### 2）展望

　FB活動にとって，第4節の1）「活動主体」，3）「提供元」が必要条件ではあるが，2）「支援対象」，の存在は十分条件である。1）3）にとって取組のきっかけは異なることがあっても，その持続には，2）に対する「目の前にある困難な事態を何とかしたい」という，まさに自らを動かす機の存在であることが想像に難くない。

　つまり，現在のFB活動にとって，困窮者の存在はそれだけで十分条件である。さらに言えば，困窮者支援活動にとって食品ロスの存在は，必要条件でも十分条件でもない（十分条件であれば素晴らしいのかもしれないが）。

　困窮者（貧困）の存在が社会の富の配分の失敗であるならば，再配分の仕組みを備える必要がある。ただし，再配分されるものが食料だけでよいはずもない。再配分の原資が食料という保存性・蓄積性の低いものであれば，そ

の仕組みは一時的な達成しか果たせない。原資が社会的余剰であれば，教育機会，雇用機会も含めて再配分する必要がある。FB活動は，社会的な富の再配分システムを担うものであり，余剰の偏り（配分の失敗）を万人に見えるものとする接近手段であろう。

**参考文献**
［1］流通経済研究所（2017）「国内フードバンクの活動実態把握調査及びフードバンク活用推進情報交換会実施報告書」
［2］総務省統計局「日本の統計2017」
［3］法務省「在留外国人統計2017年6月」

（波夛野豪）

# 第11章

# 福岡県における物流からみた フードバンク運営と企業・行政との関係性

## 第1節　はじめに

### 1）本論文の背景と課題

　近年，可食部分と考えられるのに捨てられてしまう食品ロス[1]が社会的問題となっている。また，農林水産省は，食品循環資源の再生利用等実施率[2]を2019年までに食品製造業で95％，食品小売業で55％，外食産業で50％と2012年に比べ，およそ一割程度の上昇させることを目標としている。主たるリサイクルの手段として，肥料化，飼料化，メタン化などを有している。このような状況のなかで，近年フードバンクによる活動が活発化している。フードバンク（以後，FBと表記）活動[3]とは，「過剰在庫により出荷期限が過ぎてしまったり，輸送中の事故で箱が潰れたりしてフードロスとなって

---

(1) 農林水産省の調査結果によると，総量621万トンのうち，事業系339万トン，家庭ごみ282万トンとなっている。国民一人当たりにすると，おにぎり2個分と言われている（政府広報オンライン「暮らしに役立つ情報　もったいない！食べられるのに捨てられる　食品ロスをなくそう」2016年10月11日付け），URL: https://www.gov-online.go.jp/useful/article/201303/4.html（2018年1月30日アクセス）。
(2) 農林水産省ホームページ（食品産業局）「食品廃棄物等の再生利用等の目標について」URL:http://www.maff.go.jp/j/shokusan/recycle/syokuhin/s_info/saiseiriyo_mokuhyou.html（2018年1月30日アクセス）
(3) 小林富雄「第8章循環型フードシステムと食料問題の相互依存性—地方展開するフードバンク活動を事例として—2．フードバンクの仕組みとリユース」『食品ロスの経済学』農林統計出版，pp.127〜129，2015年。

いたものを福祉施設等へ再配分するもの。」と定義されている。FB活動の効果について[4]，企業側行政側のメリットとしてフードロス率の減少，受け取る側のメリットとして食費の節約や食事の質の向上などを挙げている。

しかしながら，既存文献を確認すると，日本国内におけるFBに関する研究は，研究史からみても非常に少ない現状にある。このなかで小林富雄[5]の研究が代表である。小林（2015）によると，食品のリユースについて「耐久消費財の場合は，使用可能期間が長いため―中略―中古市場を通してリユースが促進される。非耐久消費財である食品は取引期間中に賞味期限が迫り，商品価値ゼロ，つまり，中古市場を形成することが困難となる」点を述べている。つまり，FBの役割は，相対的に価値の低い，商品を，リユース市場を通じて速やかに利用者のところへ流通させる役割が重要であると考えられる。

次に，我が国におけるFBの現状を確認する。農林水産省「平成28年度食品産業リサイクル状況等調査委託事業報告書」[6]によると，FBは，「認定NPO法人」9.0％（7団体），「その他NPO法人」45.4％（35団体），「法人格なし（生活協同組合，社会福祉法人等）」27.2％（21団体）となっている。また，回答団体のうち74.0％（57団体）は2011年以降に活動を開始しており，そのうち21団体は2016年および2017年に活動を始めた新しい団体である。FB団体の規模を確認すると，20人以下の団体が87.1％を占める。「常勤スタッフがいない団体」の構成比が37.1％，「有給スタッフがいない団体」の構

---

(4) セカンドハーベストジャパンホームページ　URL：http://2hj.org/problem/foodbank/（2017年10月1日アクセス）
(5) 小林富雄「第8章循環型フードシステムと食料問題の相互依存性―地方展開するフードバンク活動を事例として―　4．食品リユースと食料問題の相互依存性」『食品ロスの経済学』，農林統計出版，pp.127 ～ 129，2015年。
(6) 本調査は，対象者　2016年8月末～ 2017年1月にかけて，流通経済研究所が全国のフードバンク活動団体〔（認定）特定非営利活動法人，任意団体，生協，社会福祉法人など〕に調査依頼をしたものである。送付数は80団体，完了数は77団体（回収率96.3％）であった。なお，調査手法は，Eメールによるアンケート調査であり，調査期間2016年9月7日～ 2017年1月31日であった。

第11章　福岡県における物流からみたフードバンク運営と企業・行政との関係性

成比が57.1％である。また，年間食品の取り扱い総量は，10トン以下の団体が40.9％，10トン超えから100トン以下の団体が40.9％となっており，100トン以下の団体が81.8％を占めている。以上の点から，団体規模をみると小規模かつ零細なところが大部分を占めている。FB活動団体の取扱商品群をみると，今回調査の回答団体については，ほぼ全ての団体が「常温食品」を取り扱っている。「冷蔵・チルド食品」44％，「冷凍食品」を取り扱っているのは39.0％であった。食品提供先は，「生活困窮者支援団体」68.8％，「児童養護施設」64.4％，「障害者施設」60.3％，「地方公共団体（福祉事務所等）」57.5％，「個人支援」57.5％の順に多い。他のFB活動団体への提供を行っている団体は，約31.5％である。次に，本論文の中心部である物流の状況について確認してみる。輸送の方法は，調査の回答団体では「食品提供者がFB活動団体に届け，FB活動団体が提供先に届ける。」78.1％が最も多く，次いで「FB活動団体が食品提供者に受け取りに出向き，FB活動団体が提供先に届ける。」76.7％の順である。このことから，FB活動団体が各般の商品輸送を自身で実施していることがうかがえる。保管場所・契約の整備，品質衛生管理等の状況，保管設備の保有率，今回調査の回答団体の保管設備の保有状況をみると，82.2％の団体が「常温食品保管設備」を保有している。一方，冷蔵・冷凍施設を保有している団体は，「冷蔵・チルド食品保管設備」49.3％，「冷凍食品保管設備」52.3％でおよそ半数程度である。常温食品を取り扱っているが，保管設備はない団体が2割弱存在しているとみられる。輸送手段をみると，常温食品を取り扱うFB活動団体の56.3％が，自団体が所有する車両で輸送を行っている。38.0％は，スタッフ個人車両等を使用して，輸送を行っている。

　以上の点から全国的にみても，FBにおける物流の状況は，活動団体によってその差がみられると考えられる。団体別にその詳細をみた場合，どのような違いを有するのかを確認しなくてはならない。

---

（7）青果物の取り扱いの困難さにおいては，種市（2016，2017）で述べている。

第Ⅱ部　日本のフードバンクにおける現状と課題

そのうえで，今後，FBを運営するうえで，青果物[7]や総菜弁当などといったコールドチェーンを必要とするものや冷凍食品などといった物流コストを要するものの取り扱いも増加するものと考えられる。同時に，小林論文では，海外において寄付企業による物流費の負担などさまざま課題を述べている。このことから，フードセーフティやセキュリティの観点から，輸送移動保管の問題点に関する研究は，無視できない課題であるといえる。また，集められた食品や寄付品の流通や地域の組織との関係性については，不明な点が多い。

## 2) 研究対象と調査内容

このようななかで，本論文では，地方都市におけるFBの運営において企業との関係性について解明し，運営上の課題，特に，輸送・物流・保管機能の三点に焦点をあて報告するものである。本論文の対象は，図11-1のとお

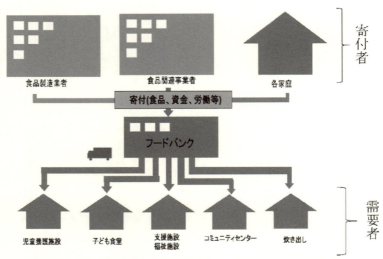

図11-1　FBにおける寄付食品の流れと本論文の研究対象

資料：セカンドハーベストジャパンのホームページを参考に，西田周平が作成したもの（2017）。URL:http://2hj.org/（2018年3月8日アクセス）。

第 11 章　福岡県における物流からみたフードバンク運営と企業・行政との関係性

りである。本図は，寄付者からFBを経由し，寄付を必要としている需要者までを示したものである。

　本論文では，中間組織として行政が関与する福岡県を取り上げる。福岡県は，代表的なフードバンク3組織，調整機関としての公益財団法人福岡県リサイクル総合研究事業化センター（以後，リ総研）を有しているほか，生協などの小売業が積極的に関与しつつある。また，福岡県は，リ総研を経由した補助金の支出を行い，FBの育成を強化している。本論文では，これらの法人に対して聞き取り調査を実施した。主な聞き取り項目は，設立の経緯，活動人数，食料の取扱量，食料の提供先，主な食糧の保管場所，資金の流れなどとした。ここでは，性質の異なるFBの連携と共通する問題について解明するものである。なお，本論文における調査期間は，2017年6月から12月までである。

## 第2節　各FBの形態と特徴，行政との関係性

　本節の目的は，物流上の問題と関係性を解明するため，行政および外郭機関やFBとの関係性を明らかにする。

### 1）行政関係機関の役割，FBとの関係性

　まず，各FBを支える行政機関および関係団体の役割を確認する。福岡県は，食品ロス削減推進協議会を設立し，行政，事業者，県民が一体となり，フードロス削減の取り組みを推進している。活動内容としては，食品ロス削減県民運動協力店への登録促進の実施，子どもを対象とした食育，食品持ち帰りに関するアンケート調査の実施などが挙げられる。食品ロス削減県民運動協力店とは，福岡県が推進する「福岡県食品ロス削減県民運動」の趣旨に賛同し，食べられるのに食用にせず廃棄する食品の削減への取組を実践する店舗のことであり，フードロス削減と県民の意識啓発を図る。全登録件数は，約574店舗（2017年7月時点）にのぼる。このような，フードロス削減の多様

な取り組みが，福岡県内で実施される状況において，その一つとして県内FB推進事業がある。事業内容としては，食品製造などを実施する事務所にFBへの食品提供の呼びかけ，FB設立を検討している団体の把握，FB運営支援などが挙げられる。県内では，主要な三つのFBである特定非営利活動法人フードバンク福岡（以後，FB福岡），ふくおか筑紫フードバンク（以後，FB筑紫），特定非営利活動法人フードバンク北九州ライフアゲイン（以後，FB北九州ライフアゲイン）が，子供を対象とした食料提供を主体としたFB活動を実施している。福岡県環境部循環型社会推進課は，リ総研を核としたFBの支援体制を行っている。同法人は，福岡県庁所管の外郭団体である。同法人は，循環型社会の構築に向け，新たな社会システムづくりにおけるさまざまな課題に対して，総合的に取り組む政策推進型の研究機関である。そのなかの，事業化に向けた共同プロジェクトの一つとして，現在FBを活用した食品ロス削減プロジェクトを，3つのFBとエフコープ生活協同組合（以後，エフコープ）と共同実施している。そのなかで，リ総研の取り組み内容は，食品提供企業の開拓，FB推進シンポジウムの開催，2016年から実施されたFB活動課題検証モデル事業がある。FB推進シンポジウムにより開拓された食品提供企業は，約30企業になる。また，本モデル事業は，生活協同組合連合会グリーンコープ連合（以後，グリーンコープ）が委託され，グリーンコープの有する食品関連企業等との取引関係や配送・保管設備等を活用し，実際に企業等から無償提供された食品を安全かつ衛生的に県内に有する福祉施設等に提供するフードバンク活動を行い，その活動における課題の検証をすることを目的とした事業である。グリーンコープに委託された理由としては，第一にフードドライブ[8]の活動を行っていたことが挙げられる。グリーンコープは，モデル事業を委託する以前から，家庭などから食料を集め社会福祉に役立てるフードドライブの活動を行っており，その経験が委託へと

---

(8) フードドライブとは，家庭で余っている食料を学校や職場などに持ち寄り，それらをまとめて地域の福祉団体や施設，フードバンクなどに寄付する活動のことである。

第11章　福岡県における物流からみたフードバンク運営と企業・行政との関係性

つながった。第二に，グリーンコープは自立相談事務所を県から委託しており，本モデル事業を実施するうえで食料の出口である提供先が比較的大きいことが挙げられる。そして，第三に，グリーンコープの有する食品の知識に対するノウハウや保管設備がFB課題発見という点において重要である。また，生活協同組合として食品関連事業者との取引関係を有していることから，食料の出口だけでなく，入口である食品提供元である食品産業との深い関係性を有していることも挙げられる。以上の点から，FB活動課題検証モデル事業がグリーンコープへと委託された。抽出された課題としては，食品の温度管理や冷蔵が必要な食品の配送等に関わる食品の品質管理であった。食品ロス削減プロジェクトの現状は，一度に大量に発生する食品や冷蔵冷凍の食品，県内広域で発生する食品，賞味期限が短い食品に対して十分な対応ができないことが問題となっている。この点に関しては，倉庫，車両と保管，配送システムが不十分であることを指摘している。研究課題としては，FB基盤整備と機能強化，持続可能なFB運営体制の構築，福岡県広域FBシステムの構築をあげている。

2）福岡県に有するフードバンク3法人の特徴

本節では，当該事業を受けたFBに焦点をあてその課題を明らかにする。対象とする特徴は，**表11-1**で記した。

（1）特定非営利活動法人フードバンク福岡（福岡県福岡市南区）

FB福岡は，2017年7月に法人化した。5名程度が定期的に活動し，20名程度が不定期に活動している。構成員の人件費は，全員無償のボランティアである。FB活動を続けるうえでは，今後の規模拡大による労働過多や人員不足を考慮すると，人件費がいずれ必要になる点を指摘している。

食品の取扱量は，2016年13トン，今後25トンまで伸びると予想している。現在，37社の企業から寄付される食品を取り扱っている。また，リ総研の協力を得て，食料提供企業の開拓を行っている。食品の提供先は，福祉施設，

表 11-1　各 FB の設立，規模，取扱量，提供先

| 名称 | 設立の経緯 | 運営費 | 活動人数と特徴 | 取扱量 | 提供先 |
|---|---|---|---|---|---|
| FB福岡 | FB北九州ライフアゲインの一つの拠点として活動拡大を目的に設立される。 | 会費<br>補助金<br>寄付 | ・定期的活動5名<br>・不定期活動約20名<br>・いずれもボランティア | 2016年<br>約13トン | ・こども食堂<br>・福祉施設<br>・小学校<br>・生活困窮者 |
| FB北九州ライフアゲイン | 子供の支援や里親を行う中で，FB事業がファミリーサポート事業と結びつくことを考え，FBを設立した。 | 会費<br>補助金<br>寄付 | ・100名が活動。<br>・学生団体による約70名の大学生<br>・いずれもボランティア | 2015年<br>約26トン<br>2016年<br>約47トン | ・福祉施設71施設<br>・生活困窮世帯67世帯<br>・こども食堂 |
| ふくおか筑紫FB | 子育ての支援などの活動を行っているNPO法人チャイルドケアセンターがこども食堂の活動をする中で，多くの食料の寄付が集まったことが設立につながる。 | 補助金<br>寄付 | ・60〜70名程度<br>・いずれもボランティア | 2016年<br>約1.7トン | ・こども食堂 |

資料：聞き取り調査より作成（2017）。

支援施設などの生活困窮者団体，生活困窮者個人へも提供している。ほかに，小学校で朝食を食べてこない欠食児童対策として，毎月バナナを10〜20箱程度外資系企業より寄付を受けている。提供を受けたバナナは，毎週月曜日に県内の小学校へ供給している。FB福岡の特徴として，こども食堂や小学校など，子供への食料提供が多い点が挙げられる。食料の保管は現在，FB福岡の事務所内に有する倉庫と，支援を受けているエフコープの倉庫と宗像市の9企業から提供を受けている倉庫（いずれも無償）を利用している。事務所内に有する倉庫は，あくまで出荷前の置き場程度の規模である。そのため，ほとんどの食品は，一時的に大型倉庫であるエフコープの倉庫と宗像市の企業に保管し，のちにFB職員が事務所内に有する倉庫へ輸送する方法をとっている。また，事務所と事務所内に有する倉庫の賃料は，福岡県からの補助金により成り立っている。倉庫から需要者までの物流は，需要者もしくは関係の地方公共団体や福祉施設の担当者によって担われている。

第11章　福岡県における物流からみたフードバンク運営と企業・行政との関係性

FBの運営費は，企業からの寄付やリ総研との共同プロジェクトによる補助金を使用している。指摘された事項に個人単位の提供には，個人情報の取り扱いがどこまで関わっていくのかなど，さまざまな問題を有している。そこで，FB福岡では行政と協力することにより，情報と流通の受け皿を分けることが重要である点を指摘している。

## （2）特定非営利活動法人フードバンク北九州ライフアゲイン（福岡県北九州市八幡東区）

FB北九州ライフアゲインは，2013年に設立された団体である。代表者は，子供の支援や里親をするなかで，FBとファミリーサポート事業を結び付ける事を思いついたのが契機である。北九州ライフアゲインも他のFB同様に，子育て支援を重視していることに特徴がある。構成員は，ボランティア100名程度で活動しており，事務作業を請け負う職員1名を除いては，ボランティアである。また，近隣の大学でボランティア団体が発足し，こども食堂などの活動に，約70名の学生が一体となって活動している。取扱量としては，2015年26トン，2016年47トンと年々上昇傾向にある。食料の提供先は，現段階で71施設と67世帯に食料を提供している。FBの運営費は，FB福岡と同様に企業からの寄付やリ総研との共同プロジェクトによる補助金で賄っている。現在の運営資金では，現時点における食品取扱量が限界であるとしている。そのため，活動規模拡大のために財源の確保が重要な課題として指摘されている。また，他のFBと同様にエフコープと流通企業よりの倉庫の無償提供を受けている。当該FBの事務所にも倉庫を有しているものの，他のFB同様出荷前の荷置き場である。ほとんどの食品は，一度大型倉庫に運ばれ，FBの職員により事務所内に有する倉庫へ運ばれる。倉庫から需要者までの物流は，需要者もしくは関係の地方公共団体や福祉施設の担当者により担われている。

当該FBの実施している持続可能性のある仕組みとして，輸送費用削減のため，食料提供をしている各施設へ近辺に住んでいる提供世帯の分の食料を

配送し，そこへ各世帯が自ら食料を取りに行くという仕組みを有している。

### （3）ふくおか筑紫フードバンク（福岡県大野城市）

　ふくおか筑紫FBは，子育て支援を行うチャイルドケアセンターが運営する法人である。こども食堂の立ち上げの支援を実施した際に，大量の食糧寄付が集まったことがFB設立の契機となった。そのため，当該FBは，こども食堂の支援に重点を置いている。構成員は，60〜70名程度（いずれも人件費無償のボランティア）である。当該FBは，こども食堂をとおして，地域の子供に対し，食の大切さ，調理を学ぶ機会を与えることにより，一人で生きる力を提供することを目的とした法人である。

　当該FBの特徴は，FBに集まった食料を，地域の子供を対象にしたこども食堂などにおいて食品を提供している点にある。こども食堂とは，定期的に公民館などで，地域の子供たちを呼び，簡易な自炊を中心に教える食育を主体としたものである。取扱品目のほとんどは，一般家庭や企業からの寄付であり，缶詰，加工食品など賞味期限が一か月以上の食品に限定している。寄付食品の詳細をみてみると，近隣の農家からの青果物や大手流通企業から寄せられた賞味・消費期限前の食料である。当該FBに集まる食料は，子供の食育や心の貧困などの課題を解決する目的であり，善意による寄付である。ふくおか筑紫FBは，積極的に企業との連携を積極的に進めており，今後，フードロスの食料も増加すると考えられる。当該FBの倉庫もエフコープならびに建設会社の倉庫の無償提供を受けている。輸送方法は，上記の2つのFB同様に大型倉庫に一時保管し保管し，後にFB職員が事務所や直接こども食堂の会場へ向けて輸送する方法である。FBの運営費は，他のFB同様に企業からの寄付や大野城市との共同プロジェクトによる補助金で賄っている。

### 3）各FBの保管方法と物流の特徴

　表11-2は，先に述べた特徴からFBの運営費および保管施設，物流についてまとめたものである。保管場所の特徴は，企業の寄付や無償提供により成

第11章　福岡県における物流からみたフードバンク運営と企業・行政との関係性

**表11-2　各FBの物流の特徴と主な課題**

| 名称 | 保管設備 | 物流 | 主な課題 |
|---|---|---|---|
| FB福岡 | 倉庫①（事務所内）福岡市内<br>倉庫②（宗像市）<br>倉庫③（エフコープ［冷蔵，冷凍設備有］） | ・「寄付企業⇒倉庫②③」は，寄付企業が担う。<br>・「倉庫②③⇒倉庫①」は，FB職員が担う。<br>・「倉庫③⇒需要者」は，主に需要者が担う。 | ・食品提供の健康面における不適切さ<br>・個人単位提供の限界<br>・寄付の拡大 |
| FB北九州ライフアゲイン | 倉庫①（事務所）福岡市内<br>倉庫②（エフコープ［冷蔵，冷凍設備有］）<br>倉庫③（企業の冷凍設備） | ・「寄付企業⇒倉庫②③」は，寄付企業が担う。<br>・「倉庫②③⇒倉庫①」は，FB職員が担う。<br>・「倉庫③⇒需要者」は，主に需要者が担う。 | ・財源（人件費等）の確保<br>・物流問題<br>・食料提供企業の開拓<br>・寄付の拡大 |
| ふくおか筑紫FB | 倉庫①（エフコープ［冷蔵，冷凍設備有］）<br>倉庫②（建設会社の独身寮［業務用冷凍庫有］） | ・「寄付企業⇒倉庫①②」は，寄付企業が担う。<br>・「倉庫①②⇒こども食堂」は，チャイルドケアセンターの車を利用して運搬する。 | ・財源（人件費等）の確保<br>・食品提供企業の開拓<br>・提供先の拡大<br>・食品の取り扱い<br>・寄付の拡大 |

出所：聞き取り調査より作成（2017）。

り立っている。また，FB団体の事務所は，福岡市内の比較的利便性の良いところに倉庫施設を有しているものの，あくまでFBと需要者を中間点に有する一施設に留まっている。そのため，FB内に有する倉庫は，小型の倉庫・冷蔵施設であり，需要量の増大には到底達成できうるものではない。輸送方法を確認してみると，FBごとにその差はみられる。しかし，その多くは，1つに寄付企業から倉庫までは，寄付企業が負担する，2つに倉庫からFBの倉庫までは，FBが負担する。3つにFBの倉庫から受益者まで輸送は，受益者もしくは関係の機関等やFB職員が担う構造にある。

　次に，運営費をみてみる。FBの運営費は，会員からの会費，寄付金および補助金，会費などで構成されている。主な課題を確認すると，寄付や運営費の問題のほかに，人件費の少なさなどを挙げていた。

## 第3節　小括と残された課題

　本節では，次の三点と残された課題を明らかにした。
　第一に，FB活動は，ほとんど全員がボランティアとしての活動であり，活動自体は善意により成り立っている。基本的に，福岡県のFB活動は，無償の提供食料を無償で提供する活動で，活動自体が資金を生み出すことができない。そのため，地域FBの特徴は，取扱量の少なさから，現状確立が困難な状況下にある。FBの根底は，既存研究や本論文から明らかになった結果からみても，「慈善」と「寄付」，「ボランティア活動」によって成り立っている団体である。そのため，組織や活動を維持するための資金に窮しており，寄付や行政機関による補助金により成り立っている。この点においても，福岡県内のFBシステムは，行政機関とFBとが一体になることにより，成立している仕組みである点を解明した。
　第二に，物流問題の課題を確認してみると，次の点がいえる。福岡県では，生活協同組合や，地域の企業などの協力により冷蔵・冷凍設備を含む保管設備を確保している。しかし，今後，FB活動が拡大していくうえで，県全域での支援を目指す場合は，新規の保管設備を確保することが必要になると考えられる。また，県全域での支援をする際の食料の運搬は，特に食品提供を簡易化する必要があると考えられる。現在，福岡県のFBは，団体により多少の違いはあるものの，食品提供において一部の食品を提供先が受け取りに出向き，一部の食品を提供先に運搬している。FBによる食品の運搬は会員の自家乗用車などにより行われていることから，一度に多くの食品を運搬できない。そのため，現在の仕組みのまま提供先が拡大することは，人員不足や輸送費増加などの問題につながることが懸念される。さらに，FBは，卸売市場や食料品店には流通しない商品を多く取り扱いをしており，食品管理を慎重に行わなければならない。今後，食品の管理や提供方法は，より具体的で綿密な協議・検討が必要である。

第 11 章　福岡県における物流からみたフードバンク運営と企業・行政との関係性

　第三に，食品提供先のニーズは，多種多様である。そのため，現状の対応方法では，やがては限界に達するということも重要な課題である。この課題は，食品提供先ごとに必要とする食品が異なることに起因する。この点を詳細に確認すると，食品の提供先は，大きく次の四つのパターンに分類できる。パターン１：こども食堂のうち調理場のない団体，パターン２：こども食堂のうち調理（調理場を有する）を行う団体，パターン３：生活困窮者の相談・支援機関，パターン４：教育機関での朝食提供などである。その特徴として，パターン１では，調理場がないために手軽に食べることができるパンや牛乳などが必要だと考えられる。パターン２では，料理メニューのために必要な食材が必要である。パターン３では，緊急で今日食べるものがない人などの為に，長期常温保存ができて，かつ主食となりうる食料が必要になる。このように，受け取る側のニーズは，各団体で異なる。しかし，現状では受け取り側のニーズが考慮されずに食品が企業などから提供されることにある。つまり，食品の提供する側の一方通行となってしまっており，受け取る側のニーズに応えることができていない。FBモデル事業を実施するグリーンコープは，この課題について，食品のマッチングが適切に行われるためには，最低限の食材を有償で購入することが必要である点を指摘している。企業の寄付により集まる食品，フードドライブにより集まる食品，これに独自の支援による食品を加えることにより，受け取る側のニーズに応えることができる範囲は，広がると考えられる。

　以上の点から，地方フードバンク運営における継続性の具体的な視点と方策は，総括すると以下のとおりである。保管設備や物流システムなどは，ほぼ無償やボランティアか行政からの補助金で成り立っている。そのため，現状において仕組みは，ソフト面が年々整備されつつあることから，FB自体増加傾向にある。しかし，FBの運営は，インフラや資金などといったハード面の整備に遅れをきたしている状況下にある。このことから，継続性に対して「不確実性」を生み出している状況下にあることは，否定できない。

　最後に，本論文で述べたFBの継続性は，現状，福岡県のみを明らかにし

たものである。たとえば，「他県のFBは，どのような問題点を有しているのか？」，「福岡県は，他県のフードバンクシステムに比べ先進的な仕組みであるのか？」などは，現状未解明である。本論文を一般化するにあたり，今後更に解明する必要があることから，今後の残された課題としたい。

**参考文献**
[1]石渡正佳（2016）『食品廃棄の裏側―産廃Gメンが見た』日経BP社
[2]井出留美（2016）『賞味期限のウソ―食品ロスはなぜ生まれるのか』幻冬舎新書
[3]大原悦子（2008）『フードバンクという挑戦―貧困と飽食のあいだで』岩波書店
[4]環境省『平成26年度食品廃棄物などの利用状況推計値』URL：http://www.env.go.jp/recycle/food/h26_flow.pdf（2018年1月30日アクセス）
[5]厚生労働省（2011）『平成21年国民健康・栄養調査』URL:http://www.mhlw.go.jp/bunya/kenkou/eiyou/dl/h21-houkoku-01.pdf（2018年1月30日アクセス）
[6]小林富雄（2015）『食品ロスの経済学』農林統計出版
[7]佐藤順子編著（2018）『フードバンク＝FOOD BANK：世界と日本の困窮者支援と食品ロス対策』明石書店
[8]総務省統計局（2005）『平成17年労働力調査年報―平成17年の就業・失業の動向』URL:http://www.stat.go.jp/data/roudou/report/2005/ft/pdf/02.pdf（2018年1月30日アクセス）
[9]須藤裕之・菱田次孝（2010）「わが国の食料自給率と食品ロスの問題について」『名古屋文理大学紀要　第10号』，pp.133-134
[10]製・配・販連携協議会（2016）『加工食品ワーキンググループの活動報告―加工食品における返品実態報告（2015年度）』（2016年7月15日開催「製・配・販連携協議会　総会／フォーラム」の発表資料），URL：http://www.dsri.jp/forum/pdf/forum2016_11.pdf（2018年1月30日アクセス）
[11]高橋正郎編（2010）「フードシステムからみた食料問題」『食料経済第四版』，オーム社
[12]種市豊（2016）「果実における通い容器利用に関する一考察―和歌山県産渋柿における品質保全と流通に着目して―」『消費経済研究37』，pp.155-165
[13]種市豊（2017）「果実輸出における輸送方法の選択に関する一考察―白桃輸出に焦点をあてて―」『流通40』，pp.71-79
[14]豊川裕之・安村碩之編（2001）「食生活の変化とフードシステム」『フードシステム学全集第二巻』，農林統計協会

第 11 章　福岡県における物流からみたフードバンク運営と企業・行政との関係性

[15] 中林加南子・才本淳子・田中京子（2013）『食べ物は掃いて捨てるほどある——日本にはびこる食品ロスの真実』朝日新聞社
[16] 農林水産省（2015）『新たな基本方針の策定等について』URL:http://www.maff.go.jp/j/shokusan/recycle/syokuhin/pdf/hosinto.pdf（2018年1月30日アクセス）
[17] 農林水産省（2007）『食品リサイクル法の概要』URL:http://www.maff.go.jp/j/shokusan/recycle/syokuhin/s_about/pdf/data1.pdf（2018年1月30日アクセス）．
[18] 農林水産省『平成28年度食品産業リサイクル状況等調査委託事業（国内フードバンクの活動実態把握調査及びフードバンク活用推進情報交換会）報告書』URL:http://www.maff.go.jp/j/shokusan/recycle/syoku_loss/attach/pdf/161227_8-38（2018年1月30日アクセス）．
[19] 農林水産省大臣官房統計部編（2008）『平成18年度農林水産省食品ロス統計調査報告』農林水産省大臣官房統計部
[20] 農林中央金庫（2005）『親から継ぐ『食』，育てる『食』』，URL：https://www.nochubank.or.jp/efforts/pdf/research_2005.pdf（2018年1月30日アクセス）．
[21] 日本生活協同組合連合会編（1993）『子どもの孤食——食の環境は今』（岩波ブックレットNO.316），岩波書店
[22] ふくおか筑紫フードバンクホームページ。URL：http://chikushifoodbank.net/（2018年1月30日アクセス）
[23] 福岡県福祉労働部（2016）『福岡県母子世帯等実態調査報告書』URL:http://www.pref.fukuoka.lg.jp/uploaded/life/128644_50330191_misc.pdf（2018年1月30日アクセス）．
[24] 福岡県庁『フードバンクについて——福岡県庁ホームページ』。URL：http://www.pref.fukuoka.lg.jp/contents/food-bank.html（2018年1月30日アクセス）
[25] 特定非営利法人フードバンク北九州ライフアゲインホームページ。URL：http://fbkitaq.net/（2018年1月30日アクセス）
[26] 丸岡玲子（1993）『子どもの食事——しっておきたいABC』新日本出版社
[27] 矢野順也・柳川立樹・酒井伸一（2018）「食品廃棄物・食品ロスの事実　削減に向けた国際動向と期待される効果」『農業と経済4月号』昭和堂
[28] 流通経済研究所（2016）『加工食品の賞味期限の延長・年月表示化の推進』。URL：http://www.dei.or.jp/research/research08_03.html.pdf（2018年1月30日アクセス）．

（種市豊・西田周平）

# 第12章

# フードバンク山口における分散型都市の連携課題

## 第1節　はじめに

　近年，国内で急速に拡大しているFB活動は，都市部を中心に広がってきた普及期から地方においても多くの団体が活動するようになり，ここ数年で定着期に入ってきたような感がある。各FBはそれぞれが多様な運営主体（社会福祉法人，NPO，任意団体，企業など）によって各地域の食料の偏在や受益者の多少，地域の人のつながりの強弱など，その地域の実情に合わせて活動が展開されている。

　山口県は，都市分散型の県域構造をもち，中小規模の都市が分散し，それぞれの都市が特長を生かしつつ，県域での役割分担を意識しながら発展してきている。このような都市構造を有する山口県において，FBをどのように展開するか，フードバンク山口の特長について紹介をしながら述べる。

## 第2節　山口県の特徴

　山口県は，他の多くの都道府県に見られるような大都市がなく，県内で最多人口の約26万人を擁する下関市，県庁所在地である山口市は約20万人，さらに宇部市，周南市，岩国市，防府市と10万人強の人口を擁する都市が県内の瀬戸内海沿岸を中心に東西に分散している（図12-1）。また，これらの都市は広島市や福岡市などの大都市に挟まれ，特に15〜29歳の若年層の県外流出により人口減少が進み，おおよそ4人に1人は高齢者という超高齢化社会になっている[1]。

第Ⅱ部　日本のフードバンクにおける現状と課題

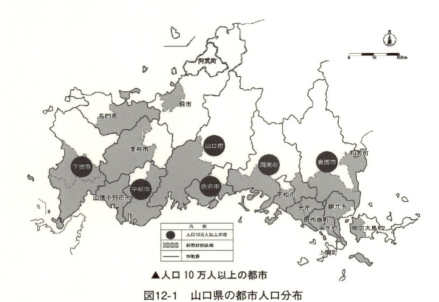

▲人口 10 万人以上の都市

図12-1　山口県の都市人口分布

資料：山口県土木建築部都市計画課『山口県都市計画基本方針改訂版』より。

　山口県の産業構造を見てみると第２次産業である製造業が約３割を占め，特に基礎素材の製造を中心とした石油化学工業や医薬品関連産業，輸送用機械器具関連産業が集積し，瀬戸内工業地域を形成している。一方で，農業や水産業といった１次産業は１％程度であり，山口県は瀬戸内の産業を中心とした工業県である[1]。

　先に述べたように人口が分散型の都市構造をしているため，幹線道路は山陽自動車道，中国自動車道および国道により都市間のアクセスは瀬戸内海沿岸地域に偏っており，特に山陰方面へのアクセスは課題になっている。鉄道やバスなどの公共交通機関も高齢化や人口減少により，利用者数の減少と運行コストのバランスなどの問題があり，赤字で運営されている路線もある[2]。

---

（１）経済産業省（2015）参照。
（２）山口県（2013）参照。

第12章　フードバンク山口における分散型都市の連携課題

## 第3節　フードバンク山口

1）沿革

　フードバンク山口は2014年3月に食品ロス削減の啓発セミナーに参加し，意気投合した下関市の女性数名で立ち上げられた。当初は下関市小月に倉庫を構え，下関市を中心に活動が展開されてきた。

　2015年，山口市阿知須で世界スカウトジャンボリーが7月28日から8月8日まで開催された。この時に残った食料や使用後の調理器具などが大量にあるということで，フードバンク山口が引き取り，使っていただけそうなところに支援をした。現理事長である筆者がフードバンク山口の活動に携わった最初の活動であった。

　その後，2016年には社会的に注目されていた「子どもの貧困」の問題を解決しようと山口市でプロジェクトが始まることを知った。そしてこの活動には，食事の支援が含まれているが食材の調達が難しいことが課題としてあることがわかった。このことがきっかけとなり，山口市内でもFB活動が必要であることが認知され，山口市内の会員数名が集まり，山口市を拠点としたFB活動を始めることとなった。この間，下関の方では小月の倉庫が使えなくなり，マンパワーの不足などの事情により活動が大きく広げられないこともあって，山口市に事務局を移し，運営体制を整えていくことになった。

　食品の寄付がなかなか増えない中，企業からの食品寄贈を受けるには法人格があった方が良いということで，2017年7月に特定非営利活動法人フードバンク山口を設立，山口市を中心にサッカーJ2リーグの地元チーム，レノファ山口のホームゲームの試合会場や環境啓発イベント，子育て支援イベントなどでフードドライブを月1回のペースで開催し，一般家庭からの食品ロスの削減を図りつつ，企業からの食品の寄贈を増やしてきた。

　2018年3月には，地元企業である（株）丸久が展開する食品スーパー「アルク」の店頭にフードバンクポストを設置し，いつでも家庭からの余剰食品

*233*

を受け付けられるようになった。

## 2）ビジョン

　フードバンク山口は，フードロスの削減とロスになっている食品を食の支援が必要な方に支援することで食の偏りをなくし，誰もが食に困らない持続可能な社会の構築を目指している。フードロスはフードサプライチェーンの各プロセスで発生するのみならず，消費者の食品の選択や購買行動の結果として発生しているものもあるため，直接的なフードロスの削減だけではなく消費者の消費行動の変革のための啓発等も含め持続可能な社会を担う人材育成にも力を入れる必要がある。

### （1）企業や家庭からの食品ロスを削減すること（フードロスの削減）

　山口県によると2013年度（平成25年度）に県内で発生しているフードロスは食品関連企業から3.6万トン，一般家庭から3.4万トンと推計されている。フードバンク山口で取り扱っている食品の量は，2017年度（平成29年度）実績で7トン程度であり，まだ相当量の食べられる食品が廃棄されていることが容易に想像できる。これらのフードロスを果たしてどの程度削減可能であるかは未知である。しかし，2007年の京都市の調査によると家庭からのフードロスのうち1割程度は手つかずの食品で賞味期限が残っている，もしくは期限を過ぎて間もないものであることを考えると家庭からの手つかずの食品の廃棄をなくすだけでも約3,000トンが削減できることになる。

　現在，フードバンク山口では山口市を中心に各種イベントでのフードドライブを実施することで，特に家庭からのフードロスの削減を図っている（**写真12-1，表12-1**）。

写真12-1　レノファ山口の試合会場でのフードドライブ

資料：筆者撮影。

第12章 フードバンク山口における分散型都市の連携課題

表12-1　2017年度のフードドライブ実施状況

| 月 | 日 | イベント名 | 品数（個） | 重量（kg） |
|---|---|---|---|---|
| 4 | 29 | メーデーフェスタ（山口市） | 177 | 84.5 |
| 5 | 5 | 青空天国いこいの広場（山口市） | 34 | 10.6 |
| 6 | 11 | レノファ山口 vs ファジアーノ岡山戦（山口市） | 158 | 27.5 |
| 7 | 8,9 | アルク大内店（山口市） | 274 | 97 |
| 8 | 6 | ちょうちん祭り（山口市） | 45 | 8.8 |
|  | 21-25 | ひめやま学級（山口市） | 21 | 1.9 |
|  | 22 | 平川小学校（山口市） | 45 | 17.4 |
| 9 | 9 | レノファ山口 vs ベルマーレ戦（山口市） | 274 | 52 |
|  | 26 | 山口大学（山口市） | 73 | 19.7 |
| 10 | 9 | エコパークまつり（山口市） | 57 | 141.3 |
|  | 14 | 愛情防府フリーマーケット（防府市） | 129 | 73.4 |
| 11 | 19 | 平川まつり（山口市） | 129 | 126.6 |
| 12 | 23 | 子育て支援メッセ（山口市） | 80 | 24.9 |
| 1 | 20,21 | アルク葵店（山口市） | 699 | 234.4 |
|  | 22 | 山口大学（山口市） | 127 | 212.5 |
| 3 | 4 | レノファ山口 vs 愛媛FC（山口市） | 105 | 28.9 |
|  | 24,25 | 生協まつり（山口市きららドーム） | 389 | 60.6 |
|  |  | 計17回 | 2,816 | 1,222 |

資料：フードバンク山口内部資料より筆者作成。

2018年3月より，缶詰1個でも気兼ねなく寄贈していただけるよう，アルク葵店（山口市）の店頭にフードバンクポストを常設し，日常の買い物のついでに「おすそわけ」ができるようにした（**写真12-2**）。

一方，企業からの寄贈については，2017年度は継続支援および1回のみの支援を含め10社程度から，常温保存の加工食品，缶詰，調味料，災害備蓄品を中心に寄贈いただいている。

一方で東日本大震災等の発生により，企業や自治体も多くの災害備蓄品を抱えるようになった。震災から7年が経過し，震災

写真12-2　アルク葵店に設置されたフードバンクポスト

資料：筆者撮影。

後に購入された備蓄品の入れ替え時期に来ており，賞味期限の近くなった備蓄品の寄贈も増えている状況にある。備蓄品の中には化学反応を利用して温められる製品や水を入れるだけで食べられるものなど，電気やガスなどのインフラが止まっていても食べられるように工夫されているため，支援対象の方が調理のできない子どもや高齢者などでも緊急的な支援に使用することができるメリットがある。

　このような備蓄食料は，普段私たちが食べている食品と比べ味や風味，食感などは満足できるものとは言い難い面もあるため，備蓄品を支援に使うことに抵抗を示す方もいる。肝心なのは，備蓄品は緊急時の備えであるが，緊急時にのみ食するものではなく，緊急時に如何においしく食べられるか，緊急時の食事として十分なものかを普段からわれわれが意識しておくべき防災教育的な側面もあると考えられる。備蓄品を備え置いている企業，自治体などには，備蓄品を緊急時に十分に活用できるよう備蓄品の使用計画を立て備えていくことが望まれる。

(2) 山口県内で食に困る人をゼロにしたい（食品の支援）

　国民生活基礎調査によると2015年（平成27年）の日本の相対的貧困率は15.6％，子どもの貧困率は13.9％と発表された。山口県においては特にひとり親の家庭の増加が全国平均に比べ顕著であり，支援の必要性が高い世帯も相当程度あることが推察される。また，近年大きく広がりを見せている子ども食堂も岩国，下関，山口，宇部，周南，長門などの地域で実施されており，今後もさらに増えることが見込まれている。

　フードバンク山口では，施設・団体を中心に2ヶ月に1回の頻度で開催する「配布会」で受益者の施設・団体の職員の方などに倉庫に取りに来ていただき，必要な食品を選んでもらい持ち帰っていただいている。また施設団体に属さない個人の方への支援は，どこに支援が必要な方がおられるのか，われわれが情報を把握することは大変困難であるため，行政の生活相談窓口や民生委員，スクールソーシャルワーカーなどを通じて行っている。しかしな

がら，支援が必要だがまだ見えない（見つけられていない）方も多くいると考えられ，そのような方をどのように見出し支援できるようにしていくのかについても大きな課題となっている。

## 第4節　課題と展望

　山口県特有の課題として，前述したように中小規模の都市が県内全域にわたって分散していることにより，支援対象となる方も県内全域に分散していることが推測される。したがって，一拠点の大きな組織によるFB活動では，食品を集める際も支援する際もものの移動が発生し，それに伴う経費や二酸化炭素排出等が大きくなると考えられ，経済的にも環境的にも好ましくない。また，人口が分散していることで，活動に携わるスタッフも各地に必要になるため一気に活動を広げることができないことも課題となっている。

　FB活動を実施している団体の多くは，NPOや市民団体のボランティアで運営されており，運営資金や活動場所，人材の確保，食品管理等について課題を抱えている団体が多いことが報告されている[3]。フードバンク山口においても同様の課題を抱えている。フードバンク山口の財源は会員会費および個人，企業からの寄附金，助成金，委託金があるが，現在のところ安定的に得られるのは会費のみである。助成金，委託金は多くの場合，運営基盤があることが前提となるため，団体の運営費には使用できないケースが多い。したがって安定的に運営をしていくためには，どうしても会員会費をベースにすることになる。

　課題の多くの原因は，この財政基盤が弱いことにあり，一定程度資金の確保ができれば，食品の保管場所や運搬・配送，専任職員の雇用等が可能となる。しかしながら，FB活動そのものは利益を生まない活動であり，受益者も社会的に弱い立場にあるため，受益者から資金を得ることはできにくいこ

---

（3）流通経済研究所（2017），難波江（2014）など参照。

とは容易に想像できる。

　一方，企業からの食品の寄贈量についての課題は，FB側の対応能力（人材や保管場所，設備等）に限界があることやまだ企業への認知度が低い，FB側の食品の取り扱いに不安がある，事故発生時の企業とFBの責任分岐点が不明確等の要因が考えられる。さらに大企業の多くは都市部に集中しており，地方においては寄附や食品の寄贈も集まりにくいといった構造的な要因もあると考えられる。

　また食品管理やトレーサビリティの確保などは食品の取扱量が少ないうちは，手作業でも可能ではあるが，寄贈量の増加にしたがって作業量が膨大になり手作業では処理ができなくなる。そうなると食品管理システムを導入することになるが，ここでも資金の壁が立ちはだかることになる。

　しかしながら，このFB活動が社会保障の不安定な現代において，多くの生活困窮の状態にある人たちの一つの拠り所になってきつつあることは間違いないであろう。受益者からは「あのときFBの食料支援があったから生活を立て直すことができた」や食品を活用いただいている民生委員の方からは，「経済的な問題を抱えている家庭は，その状況を生んでいる根本の問題を抱えており，会って話をすることすら困難な場合もある。そんなときにFBからの食料を持って家を訪ねることで，玄関の扉を開けてもらえるきっかけができたり，話をするための話題にしたりできることで，問題を解決するための糸口にもなる」との声を頂いている。

　将来的にこのFB活動が，発展した方がいいのかなくなってしまった方がいいのか，については議論の余地があるであろうが，フードロスが最小化されかつ食に困る人たちが何らかの方法で救済されるよう社会の仕組みの変化が求められている。

　フードバンク山口は，このFB活動により県内に分散した都市に潜在しているフードロスを掘り起こし，地域の人で共有する「大きなお裾分け」の活動として地域に根付かせていきたい。そのため，フードドライブやフードバンクポストを中心とした食品ロスを削減するための機会や拠点を県内の各地

第12章 フードバンク山口における分散型都市の連携課題

域に広げ，各地域に根差した小規模FBの拠点をつくり，地域で集まった食品をその地域の食の支援に用いる地産地消と主に企業から寄贈される多量の食品については，必要に応じて各地域に提供できる体制を作っていきたい。

**参考文献**
［1］山口県土木建築部都市計画課（2015）『山口県都市計画基本方針改訂版』第2章
［2］経済産業省（2015）「山口県の地域経済分析」『地域の経済分析』http://www.meti.go.jp/policy/local_economy/bunnseki/47bunseki/35yamaguchi.pdf
［3］山口県（2013）「山口県産業の現状と課題」『山口県産業戦略本部第1回全体会合会議資料』http://www.pref.yamaguchi.lg.jp/cms/a11400/honbu/20130523001.html
［4］流通経済研究所（2017）『国内フードバンクの活動実態把握調査及びフードバンク活用推進情報交換会実施報告書』
［5］難波江任（2014）「我が国の食品ロス削減とフードバンク活動の展開」『調査研究情報誌ECPR』（No.1），愛媛地域政策研究センター，pp41-48

（今村主税）

## 終章

# 総括とフードバンクの課題

## 第1節　各章の要約と論点

　本書の各章の叙述を振り返りながら，それぞれの執筆者が提示している論点を整理したい。

### 1）序章　フードバンクの位置づけと日本の現状（小林富雄）

　フードバンク（以下，FB）が大きくなるに従って，その提供する食品の量やアイテム数，腐敗性と適切な温度管理，そして納期などをバランスよく最適化しなければならず，自ずと適正規模，適正な成長スピードというものも意識せざるを得なくなる。このように，サプライチェーンにおけるFBの存在意義を整理した後，日本のFBの課題を，①多機能性への評価，②運営資金，③利用者満足と品揃えの3つを掲げた。
　そして，本書の分析の方法を，これまで環境問題や貧困問題からのアプローチが多いFBを，既存のフードサプライチェーンが抱えてきた過剰供給問題の解消，さらには希薄化する社会関係を保つ活動などを積極的に評価しながら，農産物市場論や流通論，マーケティング論等の方法論に依拠しながら，その発展可能性を議論することを目的とした。

### 2）第1章　フードサプライチェーンにおける寄付行動（小林富雄）

　フードバンクは1967年に米国でセントメアリーズ・フードバンクが民間の福祉活動として開始したのが世界で最初である。1984年にはフランスでも官民一体のFBが産声を上げ，1998年には韓国で環境対策モデル事業からスタ

ートし公的な福祉活動として発展を遂げた。このようにFBは，食料援助（福祉）や廃棄物対策（環境），需給調整（農業）など多様な機能を持ち，それぞれが重複したり活動の濃淡があったりして多様性に富んでいると指摘する。

そして，無償で財をやりとりする寄付行動のメカニズムを分析する研究については，文化人類学を端緒に，経済学やマーケティング論に波及し興味深い研究フレームが提示されている。贈与研究やマーケティング研究のレビューを踏まえると，FBの本質は，交換価値を失った過剰食品の使用価値が，福祉活動を通じBeneficiariesというアクターとともに共創される活動といってよい。そして，その価値共創の体系が「文脈価値」を生むとすれば，各国の多様性を説明し得る。

3）第2章　フランス：フードバンク活動による食品ロス問題への対応と品揃え形成およびその政策的背景（杉村泰彦・小林富雄）

フランスの食料廃棄禁止法（Loi sur les dechets alimentaires）が，2016年2月11日に制定され，1年後に罰則規定を伴って施行された状況について叙述した。この法律は大型スーパー，総合量販店（以下，量販店）などの，売り場面積400m²以上の小売店舗を対象に，第1に賞味期限内の売れ残り食品，納入を拒否した食品の廃棄を禁止し，第2にフードバンクなど慈善組織と，食品寄付の協定締結を義務付けることを主たる内容としている。フランスにおいては，同法制定前から，大型スーパーや量販店の店舗単位での慈善団体への寄付が行われており，それを環境問題の観点から追認する法体系となっている。同法は制定時から，世界的にも画期的な法律として強い印象を与えたが，フランスでは食品廃棄物削減の法的枠組みとしてPACTE協定が存在しており，その流れを踏まえた規制であったと指摘する。

しかし，そのFBは本来，危機的な状況にある生活困窮者を食料の提供を通じて支援するための組織であり，必ずしも食品ロス削減を第一義としているわけではない。したがって，社会がFB活動へ食品ロス削減を安易に期待することは，本来のFB活動との間に矛盾を生じさせる可能性がある。

4）第3章　韓国：フォーマルケアとしてのフードバンクの普及に関する分析（小林富雄）

　非営利団体（NPOs）のような民間組織により自主的に行われるフードバンク活動を「インフォーマルケア」、そして政府の直接的な支援を受けて、行政や政府系機関が直接実施するものを「フォーマルケア」と定義する。なかでも韓国のFBは政府の直接的な支援の下、フォーマルケアとして発展してきた点に特徴がある。そして、韓国は非常に短い期間に多くの食品寄付を集めるシステムの構築に成功した。

　回帰分析を用いて韓国FBにおける取組当初からの食品寄付量発展の要因を特定したあと、寄付食品の種類について分析する。食品寄付量トレンドを回帰分析する際、独立変数として2003年から2013年まで各年の金額ベースの食品寄付量、第一説明変数としてFBのための政府助成金の金額、第二説明変数としてFBのために政府の様々な質的な支援活動の代理変数として、トレンド変数を設定した。

　寄付食品の種類は、受益者のために食品の栄養的なバランスを維持することに関連している。分析において使われる寄付食品の種類は、それは、主食（米、麺、パン）、おかず類（腐敗しやすい惣菜類、ピクルスやキムチなど）、食材料（肉、野菜、魚、海草、豆）、菓子類（クッキー、キャンディ、ドライフルーツ、ジュースなど）、その他（調味料、食用油、その他）の5つのカテゴリに分類される。2009年と比較した場合、2011年の寄付食品の種類は、製造原価ベースで63.9％増加していた。

5）第4章　イギリス：フードバンク普及における大規模小売業者の役割（小林富雄・本岡俊郎）

　イギリスでフードバンクが始まったのは1994年と、アメリカ（1970年代）やフランス（1984年）に比べて遅い。近年は、取扱量が急速に拡大しているが、イギリスのFBの食品取扱量は約1.5万トン（筆者推定）程度であり、フ

ランスの20分の1程度とまだまだ少ない。このようにFBの普及が進まない背景として，かつて「ゆりかごから墓場まで」最低限の生活が保障される医療・福祉分野での社会保障制度が充実していたことがある。その後，政策の見直しが進んだとはいえ，依然として困窮者のための生活保護受給者の比率が高く，比較的給付水準も恵まれている状態は続いている。

　一方，環境問題の解決という側面から，その政府系機関であるThe Waste and Resource Action Programme（以下，WRAP）による強いリーダーシップと市民のボトムアップからのキャンペーン活動により，フードロス削減への取り組みが進展し，その役割は国内外から高く評価されるようになってきた。WRAPによる目標設定と，市民のキャンペーン活動というフードロス削減を促進する2つの政策ミックスについて明らかにしている。

　2017年にイギリス環境省は，スーパーマーケットから発生した「フードロスを慈善団体に再流通させる」，つまりFBによるホームレスや食料調達に不安のある家族のために50万ポンドの資金を支出する意向を示した。そしてTESCOでは，2030年には世界中の農家やメーカーを含むFSC全体でフードロスを半減するという大きな目標を掲げ，アイルランドやポーランド・ハンガリーを含む中央ヨーロッパ，そしてマレーシアでもFBを通じたフードロス削減の活動を推進している。このように，イギリスでは，すでに国内だけでなく世界へ向けたFB活動も視野に入れた普及活動が進んでいる。

## 6）第5章　オーストラリア：産業化するフードバンクの分析（小林富雄）

　Boothら（2014）は，大規模化するオーストラリアのフードバンクに対し，新自由主義のメカニズムを維持するFB産業と批判した。オーストラリアの主要なFBは国内に4団体存在する。食品の取扱数量は，FBオーストラリア（FBA）が3.7万トン，Second Bite 1.0万トン，Ozハーベスト（OzH）0.6万トン，そしてFareShare0.1万トンである。

　FBAはオーストラリア初のFBとして，1994年に国内FBの7割程度のシェアがあり，全国的に運営され包括的で唯一のフードチャリティ機関である。

2017年は国内で2,600以上の福祉団体を通じて71万人へ食品寄付を実施した。全収入約2,000万ドルの36.1％を輸送料の徴収が占め，政府補助金は20.8％である。

OzHは調理品も回収・寄付する点に特徴がある。卸売業者，農家，企業のイベント，ケータリング会社，ショッピングセンター，デリ，カフェ，レストラン，映画やTVの撮影や会議室など3,500以上の多様なドナーから，毎週180トン以上の食料を回収している。OzHの収入源は現金寄付が全予算の92.4％を占めている。FBAと異なり，政府補助金は約7％と少ない。

オーストラリアのFBの現状をみると，大量生産・大量流通を批判するようなビジョンをしっかり持ち，非営利活動を追求している。もちろん非営利団体が営利団体と結びつくという実態も明らかになったが，それは営利団体を非営利事業に巻き込むという部分的な「非産業化」を推進しており，この点では食品産業の将来展望を描くことも可能であろう。

### 7）第6章　香港：インフォーマルケアとしてのフードバンクの発展と多様化（小林富雄・佐藤敦信）

世界有数の人口密集都市である香港は，廃棄物の最終処分場の不足，そして小さな政府を標榜する経済政策による貧富の格差の深刻化，さらには「味にうるさい食文化」のためにフードロス問題が顕在化しやすい特徴がある。香港におけるフードバンクの福祉分野でのインフォーマルケアとしての発展経緯を分析し，香港特別行政区が推進するFood Wise Hong Kong運動として新たな局面を迎えつつある現状と課題を明らかにした。

インフォーマルケアとしての香港FBは，環境保全やベジタリアン教育と結びついた活動のほか，本稿の4つのケーススタディでも日本や韓国にはない高い多様性がみられた。保存性の高い加工食品を中心に多くの在庫を保有し，欧米で発達した従来の方式を継承する「従来型」，自前のキッチンで調理した食事を食堂で提供する「コミュニティ型」，徹底した温度管理で総菜を扱う「総菜提供型」，潤沢な資金を背景に食材や加工食品の回収，卵や肉

などの購入を行い，加工食品からランチボックスまで総合的に取り組む「総合支援型」をとりあげた。行政の関与が強いFBもあるが，その他3つのFBは，特定の食品を取り扱うことで特徴あるインフォーマルケアのサービスを提供しFB団体間の差別化が図られ，香港全体でみれば様々な喫食者のニーズに応えていると捉えられる。

8）第7章　台湾：カルフールの取組と台中市地方条例制定への進展
（佐藤敦信・小林富雄）

　台湾台中市は地方条例というこれまでにないアプローチでフードバンク推進を模索している。その背景には，台湾FBにおける食品寄付の大部分をフランス資本のカルフール台湾が行っており，2017年1月に12店舗だった寄付が8月には100店舗に達していることがある。また同社の寄付量も同期間で3.5倍に急伸したという実績がある。

　カルフール台湾は域内で統一されたシステムによる各FBへの食品寄付を増加させており，ATFという信頼できるネットワークと連携しながら自社店舗の近隣に設立されたFBに食品を寄付し，台湾の広域を網羅している。FBは自らの理念に基づき各地域の対象者に物資を提供し，それぞれの取組が独立したものになりがちだが，広域ネットワークを構築しているFBへの食品寄付は，台湾域内で多数の店舗を設けているカルフール台湾の規模に見合う受益者集団の組織化が重要な役割を果たしている。また，同社はドナーとしてFBに食品を寄付するだけではなく，自社でコミュニティ冷蔵庫などに出資していることから分かるように貧困者の食品に対する取組を多様化させている。企業の社会的責任という観点から始まったカルフール台湾の取組は，廃棄される食品の創造価値を福祉活動として社会的に共有するCSV（Creating Shared Value）へと深化している。

　このようなカルフールの取組を中心としたFBの発展とそのニーズ，そして社会問題が深刻化する中，台中市FB自治条例は生まれた。台中市FB自治条例は，第12条で物資を寄付する場合に税の減免措置を講じることを謳って

おり，台湾最大のドナーであるカルフール台湾に対してはさらなるインセンティブが与えられることが予想される。また，カルフール台湾でみられた食品寄付の取組が，今後，他の企業でも浸透していくことも考えられる。

9）**第8章　寄付食品の栄養学的側面と栄養バランス向上における課題**
　　（井出留美）

　ほとんどのフードバンク団体がエネルギー源としての食料を調達しようと努力しているとはいえ，日本のFB団体が貧しい生活状態にある人々の栄養バランスを考慮するためにもっと注意を払うべきであることは明らかである。特に，一人暮らしの貧困層は，炭水化物と揚げ物などに依存する傾向があり，安い値段で空腹を満たしている。こうした栄養不足を避けるためには，栄養素，特にビタミン，ミネラル，食物繊維を摂取する必要がある。日本のFBが農産物，特に野菜を扱うことはあまりない。というのは，農家からFBの受益者への流通過程を通じて，収集，保管，輸送するために必要な人的資源，スペース，車両の利用可能性が限られているからである。

　日本のFBのほとんどは，管理栄養士や栄養士を雇用していない。ほとんどの日本のFBでは，日持ちのしづらい農産物をタイムリーに受け取り配布するだけの人手がない場合がある。例外的なケースとして広島のFBは，民家を改装したレストランをオープンし，カット野菜の会社から提供された野菜や，計量不足のうどんを活用した料理などを提供している。広島のFBの代表は，病院の管理栄養士としても働いている。また，食品の安全性を確保する定期的な生菌数の検査をおこない，厨房設備を整えており，食事を必要とする人々の栄養状態の改善に貢献している。

10）**第9章　行政との協働から自立へと進化するフードバンク山梨（野見山敏雄・野田健斗）**

　フードバンクで取り扱われる食品は，一般商品のような物流を経由することはできず，特別の流通経路と作業が必要になる。そこで活躍するのがボラ

ンティアである。ボランティアは賃金を得ることなく無償の労働をFBのために投入する。

　FB山梨の場合，食品の引き取りは企業や個人が倉庫まで出荷し，梱包された食品の輸送は宅配業者に委託しているので，もっぱら食品の梱包作業をボランティアが担うことになる。ボランティアグループの一つである「青少年ボランティアサークル甲斐縁隊」は2002年4月に結成されたNPOである。会員は約50人で，山梨県内の大学（山梨大学，山梨県立大学，山梨学院大学，山梨英和大学）の学生が大部分を占めているが，中学生から社会人まで幅広い年代の人が活動している。甲斐縁隊のお手伝いは青年にFB活動を周知するという役割も期待される。

　また，FB山梨はこれまで行政と協働しながら活動を続けた。しかし近年，地方自治体の福祉関係の予算縮小に伴い，FB山梨への拠出金や補助金が減額され，結果として自立の道を歩むようになった。現在は行政との協働から企業や市民からの寄付という次段階に移行している。

## 11) 第10章　フードバンク多文化みえにみる地方都市での活動成立要件
（波夛野豪）

　フードバンク多文化みえには41団体約3,400世帯が受給者として登録しており，そこには外国人を主な対象とする生活困窮者支援団体，障碍者支援団体，日本語教室などがある。2018年度に配布した団体数は，延べ313，1月あたりの団体数は約26，配布日は113日である。金曜，土曜が中心で配布日1日あたり約2.8団体，少ない日で1団体，多い日で10団体となっている。

　取組の特徴は，食品スーパーからの提供を受けていることと，セカンドハーベスト名古屋の支部として物品を領収していることである。前者については，多くのFBは，食品メーカーから提供された物資を各家庭向けに組み合わせて配布していることが多く，食品スーパーから供給を受けている事例は貴重である。食品スーパーからの提供品目が多様であることで，各家庭への配布品目も豊富になる可能性がある。

終章　総括とフードバンクの課題

　困窮者（貧困）の存在が社会の富の配分の失敗であるならば，再配分の仕組みを備える必要がある。ただし，再配分されるものが食料だけでよいはずもない。再配分の原資が少量という保存性・蓄積性の低いものであれば，その仕組みは一時的な達成しか果たせない。原資が社会的余剰であれば，教育機会，雇用機会も含めて再配分する必要がある。FB活動は，社会的な富の再配分システムを担うものであり，余剰の偏り（配分の失敗）を万人に見えるものとする接近手段であろう。

12）第11章　福岡県における物流から見たフードバンク運営と企業・行政との関係性（種市豊・西田周平）

　福岡県のフードバンク活動では，生活協同組合や地域の企業などの協力により冷蔵・冷凍設備を含む保管設備を確保している。今後，FB活動が拡大していくうえで県全域での支援を目指す場合は，新規の保管設備を確保することが必要になる。また，県全域での支援をする際の食料の運搬は，特に食品提供を簡易化する必要がある。現在，福岡県のFBは，団体により多少の違いはあるものの，食品提供において一部の食品を提供先が受け取りに出向き，一部の食品を提供先に運搬している。FBによる食品の運搬は会員の自家乗用車などにより行われていることから，一度に多くの食品を運搬できない。そのため，現在の仕組みのまま提供先が拡大することは，人員不足や輸送費増加などの問題につながることが懸念される。

　地方FB運営における継続性の具体的な視点と方策は，保管設備や物流システムなどは，ボランティアか行政からの補助金で成り立っている。しかし，FBの運営はインフラや資金などといったハード面の整備に遅れをきたしている状況下にあることから，継続性に対して「不確実性」を生み出しているといえよう。

13）第12章　フードバンク山口における分散型都市の連携課題（今村主税）

　フードバンク活動を実施している団体の多くは，NPOや市民団体のボラ

ンティアで運営されており，運営資金や活動場所，人材の確保，食品管理等について課題を抱えている団体が多いことが報告されている。FB山口においても同様の課題を抱えている。FB山口の財源は会員会費および個人，企業からの寄付金，助成金，委託金があるが，現在のところ安定的に得られるのは会費のみである。助成金，委託金は多くの場合，運営基盤があることが前提となるため，団体の運営費には使用できないケースが多い。したがって安定的に運営をしていくためには，どうしても会員会費をベースにすることになる。

　課題の多くの原因は，この財政基盤が弱いことにあり，一定程度資金の確保ができれば，食品の保管場所や運搬・配送，専任職員の雇用等が可能となる。しかしながら，FB活動そのものは利益を生まない活動であり，受益者も社会的に弱い立場にあるため，受益者から資金を得ることはできにくいことは容易に想像できる。

　一方，企業からの食品の寄贈量についての課題は，FB側の対応能力（人材や保管場所，設備等）に限界があることやまだ企業への認知度が低い，FB側の食品の取り扱いに不安がある，事故発生時の企業とFBの責任分岐点が不明確等の要因が考えられる。さらに大企業の多くは都市部に集中しており，地方においては寄付や食品の寄贈も集まりにくいといった構造的な要因もあると考えられる。

## 第2節　フードバンクの存在意義と寄付食品の半商品性

### 1）フードバンクの存在意義

　国内にはフードバンクが90箇所以上あると推測される。流通経済研究所によれば74箇所（2017年3月）が確認されている。先進国では食べられる食品を大量に廃棄している。その一方で，経済格差が拡大し，満足に食べられない人が増えているのである。厚生労働省「国民生活基礎調査」（2016年）によれば，貧困率は15.7％であり，子どもの貧困率は13.9％である。これは6

終章　総括とフードバンクの課題

〜7世帯につき1世帯が貧困世帯ということになる。ちなみに貧困とは，2015年の貧困線[1]が122万円であり，それに満たない世帯である。特に，子どもがいる一人親世帯の相対的貧困率は50.8％と，大人が二人以上いる世帯に比べてかなり高い。

　FBは，危機的な状況にある生活困窮者を食料の提供を通じて緊急支援するための組織である。恒常的ではなく，一時的という点が重要である。社会のセイフティーネットとしては，国の生活保護制度による健康で文化的な最低限度の生活を保障し，その自立を助長する仕組みがある。しかし，すべての生活困窮者が生活保護を受けているわけではなく，声をあげられない人達に食べものを提供する仕組みとしてFBがある。

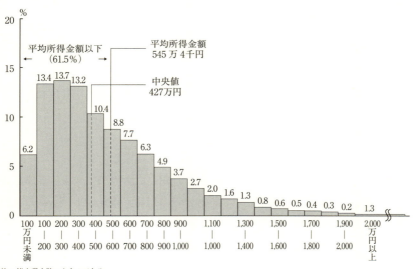

注：熊本県を除いたものである。

**図終-1　所得金額階級別世帯数の相対度数分布（2016年調査）**

出典：厚生労働省「平成28年国民生活基礎調査の概況」を一部修正して転載
　　　https://www.mhlw.go.jp/toukei/saikin/hw/k-tyosa/k-tyosa16/dl/16.pdf

---

（1）貧困線は世帯の可処分所得を世帯人数の平方根で割って算出した等価可処分所得の中央値の半分の値である。

このFBは必ずしも食品ロス削減を根本的な目的としているわけではない。そのため，国や社会がFB活動へ食品ロス削減を安易に期待することは，本来のFB活動との間に矛盾を生じさせる可能性がある。

　もう1つの論点は，FBに供給される食品の商品的性質である。FBで取り扱われる食べものは物の有用性（使用価値）があり，人間労働の生産物（価値）であるが，売り物にはならない。つまり，使用価値は問題ないが商品としては扱えない（交換価値がない）食品である。そのため，流通（特に，物流）活動において，ボランティアの活動が不可欠となる。

　フランスでは，法律で大型スーパーにおいて売れ残り食品の廃棄を禁止し，FBなど生活困窮者を支援する団体への寄付を義務付けている。その結果，交換価値を持たない食べものを必要とするFBと売れ残り食品を処分したい大型スーパーとのマッチングを行うPHENIXという中間流通事業体が活動している。FBの関連事業体が生まれているのである。

　このように，FBが社会で認知され，広がることはたいへん望ましいことであるが，資本主義社会ではFBで取り扱う食べものの流通過程をも商品（サービス）としてしまうのである。

**2）寄付食品の半商品性**

　食と農をめぐる問題はますますグローバル化し，世界で頻発する異常気象は穀物の生産量を大きく変動させている。そのため，輸入穀物に7割以上を依存する日本は穀物の在庫を積み増すか，多元的な輸入チャネルを模索するしかないのが現状である。

　このような食の危機と資本主義の矛盾は商品それ自体のなかにあり，現代はそれが先鋭化し，リーマン・ショック以降の世界的な経済不況と金融危機に表れているのではないだろうか。

　その一方で，経済グローバリゼーションが進展する中で，先進国，途上国を問わず，商品経済を貫徹することなく自給的経済を残している事象も散見できる。具体的には，互助や贈与，相互扶助，提携という人と人との関係を

重視した取引である。これらは，必ずしも貨幣を媒介することなく，またすべての価値（労働投入量）を実現しないでもかまわないという，「もう一つ別の生産・流通方式」と言えるものである。

渡植彦太郎はこれを「半商品」という概念で整理し，世に問うた学者である。渡植は市場で売買されているが生産者も消費者も商品を超えた使用価値を見いだし，そういう商品を指す言葉として「半商品」という言葉を使っている。具体的には職人と依頼人の関係で，職人は依頼人の期待に応えるために職人の論理で仕事をし，商品生産の論理が脇に置かれている。また，依頼人も職人の仕事をよく知っていて"もの"を見る目が肥えていることが条件である。

マルクス経済学では自分で小規模な生産手段を有する生産者が，自分と家族の労働を基礎にして行う商品生産を単純商品生産と呼んでいる。渡植彦太郎は関係性のあり方から商品を「半商品」と呼び，市場経済との関わりを持ちながら，使用価値を生み出す関係性を作り出す半商品経済という仕組みを提唱しているのである。

現代資本主義がもつ根本的欠陥を商品それ自体の存在のなかに見た渡植の独創的な理論は，今日の暴走する資本主義がもたらした金融危機や世界同時経済不況など社会の矛盾を人間の存在の次元で体系的に把握する道筋と，その矛盾を克服する原理が内包されていると考える。

一方，内山節は，在野の哲学者として活動し，現在でも，東京と群馬県上野村との往復生活を続けている。内山は渡植の一番の理解者であり，自著に渡植の「半商品」をたびたび紹介している。そして，「半商品」には有用性の共有と商品価値を超えた追加的な価値がどこかに生まれていなければならないと，渡植の理論をより普遍化し現代への適用条件を述べている。

**3）半商品の概念規定と農畜産物の半商品性**

半商品は渡植彦太郎によって提起され，内山節によって補強された概念である。内山節は渡植の言説を紹介するかたちで，職人，芸人などの商品，サ

ービスを事例にあげて，半商品を市場経済と非市場経済の中間に存在する「商品にあらざる商品」，「文化的な商品」，「商品的な合理性を確立していない商品」として規定している。そして，半商品としての商品には使用価値の文化が生きていたとして，半商品は具体的な関係の中で作られたり，流通したりする商品だと指摘している。また，半商品の世界が成立しているのは産直であるとも言っている。

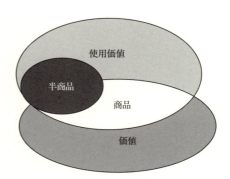

**図終-2　半商品の概念図**
出典：野見山作成

さらに，商品を半商品に変えていく関係づくりを通じて，今日の市場経済を内部から空洞化させていくことができたら，市場経済の支配から自由になることができると述べている。

　以上，簡単に渡植・内山の半商品の概念を紹介したが，二人が定義する半商品とは，生産者と消費者の有機的関係の下での使用価値を包摂し，それを作る過程や生産者と消費者との関係では，必ずしも商品の合理性が貫かれていない商品と理解できる。

　半商品は商品の取引において社会的な関係性を重視し，生産者の個性が残っているため，市場取引を超えた交換形態が相応しいものである。特に，農産物は半商品の例示として相応しいといえる。

　また，半商品の概念を図示すれば，使用価値と価値の2つの要因を含む商品の領域にすべてあるのではなく，価値の領域から外れて，使用価値の領域にオーバーラップするものが半商品と定義したい。

## 第3節　フード・シチズンシップ運動とフード・プロジェクト

### 1）フード・シチズンシップ運動の展開

　ところで，北米でフード・シチズンシップ（Food Citizenship）運動が注目されている[2]。確定した日本語訳はないが，筆者はこれを〈食に関与する市民権〉と訳したい。この理念は食品の公正な配分とグローバルに広がるフードサプライチェーンのあり方に対する政治的，経済的，社会的な問題を提起し，市民が食に関与する必然性を指摘している。

　フード・シチズンシップは北米で広がっているフード・ポリシー・カウンシル（FPC）の中で進められている取り組みの一つである。立川雅司（2018）によれば，FPCは1982年にテネシー州ノックスビル市で設置されたのが始まりで，地域の食料に関わる問題解決のために設立された公式・非公式の協議組織である。FPCの構成メンバーは多様な利害関係者が集まり，フードデザート（食の砂漠），肥満，市民農園の確保，フードスタンプの直売所使用許可，学校給食への地元農産物使用などが課題として取り上げられている（立川, p.102）。立川は「FPCの設置数が近年になって増大しているのは，FPCを設置することでこうした問題を解決しようとしていう期待感が表れている。」と指摘する。

　そして，日本でフード・シチズンシップを詳細に紹介した論文として，大賀百恵（2017）のものがある。大賀は市民社会の側から食と農のあり方を考え直そうとする北米の動向を説明し，その中でフード・ポリシー・カウンシルとはどのような組織で，何を目的に活動を行っているのかについて述べている。

　大賀によれば，「人々が食を単なる商品として考えて購買，消費するといった，受動的な立場だけで食べ物を扱うに留まらず，市民として能動的に食

---

（2）イギリス・ロンドンに本部があるFood Ethics Councilのサイトにfood citizenshipについて詳しい説明がある。https://foodcitizenship.info/

の様々なレベルに参加する必要性を強調している。」そして，ウィルキンス（Jennifer L. Wilkins）の論文を引用し，「フード・シチズンシップは，社会的，経済的，および環境的に持続可能で，かつ民主的なフードシステムの発展を支援する，食に関連する行動に携わり実践することである」と定義している。

　このようなFPCやフード・シチズンシップの運動は，第6章の香港で記述されたインフォーマルケアの事例とよく似ている。食に関わる市民性はフードサプライチェーンにおける立場が異なる利害関係者がそれぞれの役割を認識しつつ，食を通じてより良い社会をつくるという関わり方を提示している。

　FB活動もまさしくフード・シチズンシップ運動の一つの形態と言えるだろう。新自由主義経済の中で大規模フードビジネスが活躍し，経済格差と食料の浪費が進展している現代社会において，市民が食料を取り戻す運動の一つとしてFBがあるのではないだろうか。

### 2）NPOが支えるフード・プロジェクト

　筆者が幹事長を務める食糧の生産と消費を結ぶ研究会は，2018年6月にマサチューセッツ州（以下，MA州）の小規模農業や有機農業の視察を行った。2012年農業センサスによれば，MA州の農産物販売のうち消費者への直接販売が4,790万ドルと販売額の11.7％を占め，2,206農場，すなわち4分の1強の農場が消費者やレストランなどへの直接販売を行っている。また，CSA（Community supported agriculture：地域が支える農業）に取り組む農場は431農場もある（村田（2018））。

　今回の視察で興味深かったのはNPOのザ・フード・プロジェクト（The Food Project，以下，フード・プロジェクト）の活動である。

　この視察を企画した村田武（2018）によれば，フード・プロジェクトは1991年にMA州東部北岸地域に3農場，ボストン市内に2農場の合計28haを運営している。常勤職員30人，非常勤職員（夏季）30人，そして，教育のために青少年を雇用している。生産物はファーマーズ・マーケットや近隣のレストランに直接販売する他，貧困救済団体への支援にも向けられる。野菜，

終章　総括とフードバンクの課題

ハーブ類を有機栽培し，ファーマーズ・マーケットを5カ所運営している。野菜の生産量は約110トンを超え，全農場で有機栽培を実践しているが，認証経費がかかるため有機認証は取得していない。

そして，フード・プロジェクトは，Food（たべもの），Youth（青年），Community（地域社会）の理念が三位一体となって活動している。なかでも，青少年教育はフード・プロジェクトの重要な取り組みであり，参加経験に応じて3段階のクルーで編成されている。

第1段階のシードクルーは高校生の夏休み（7月～8月中旬）に5～6週間の労働機会を提供する。ボストン市や周辺の都市部から様々な人種や階層の高校生を募集し，毎年72人を採用して各農場に配置する。週5日，1日8時間労働で週給275ドルである。週のうち1日は地元の貧困救済団体に自分たちが育てた作物を届け，生活困窮者への食料提供を手伝わせる。第2段階のダートクルーはシードクルーの経験者から採用され，年間を通して放課後と毎週土曜日に，低所得地域の住民のために野菜栽培床の設置作業を行う。また，ボランティアのリーダーを育てる。第3段階はルートクルーとなり，農場やファーマーズ・マーケットでのより大きな責任を担う。こうして農場全体では毎年120人を超える若者が働いている。

このように，先に紹介したフード・シチズンシップ運動とフード・プロジェクトとは関連性があり，食や農業と隔絶された市民を今一度結びつける運動がアメリカでも広がっていると言えよう。

## 第4節　これからのフードバンク

前述したようにフードバンクは単なるフードロスを解決する組織ではない。フードロスを無駄にしないように食料を必要としている家庭にボランティアが送り届ける仕組みである。これ以外にもFBには様々な役割がある。

環境面におけるFBの役割としては，食品ロス削減の他にも食品廃棄物を処理する際にかかるコストや$CO_2$を削減できる。また，生活困窮者支援にお

けるFBの役割は，FBの食料支援によって，生活保護の受給だけでなく就労支援や学習支援につながる。このように公的なセイフティーネットの隙間を埋め，既存の困窮者支援の質を高める効果がFBにはある。

　一方で，フードロスは食料の需給バランスが供給不足となれば余剰の食料は社会に発生しないであろう。先進国で発生しているフードロスは，一般家庭はもちろんのこと，食品加工企業や大手量販店，輸入商社など巨大化する食品産業が活動する過程で大量に発生する。そして，国内農業生産者も農産物の厳しい規格と選別を流通業者から強いられ，規格外品を大量に発生させている。このようなフードロスを削減する手段としてフードバンクに求めるのは，想定外の役割と言わざるを得ない。

　また，貧困対策であれば，生活保護費のように現金支給が望ましいが，貧困家庭に対して緊急的で一時的な食料供給としての役割がFBにある。ただ，生活困窮者への公的支援が低下する社会では，生活保護制度との連携を拡充するようなFBもある。健康で文化的な最低限度の生活を保障し，その自立に手を差し伸べるための生活保護制度であるが，その制度に浴せられない人も多いのである。

　一方，FB自らは分配量の調整のみを行い，その他の役割を既存の福祉施設に担わせることで運営資金と労働力を削減する「ネットワーク型FB」と呼ばれる形態が日本でも現れ始めた。河野葵（2019）はネットワーク型FBを次のように整理している。

　①倉庫機能の省略：FB岡山ではSNSグループで食品提供情報を共有し分配量の調整が行われた後，食品の引き取り，保管，近隣福祉施設への配布を既存の福祉施設が行うため，倉庫を必要としない。これにより倉庫の賃貸料，食品保管設備にかかる光熱水費，食品の管理に必要な労働力を削減している。

　②本部機能のスリム化：事務所を持たず独自のSNSグループを活用して運営することで，事務所や会議室の賃貸料を削減している。また，常駐のスタッフを置かないことで，人件費を抑えている。

　③徹底した食品輸送コストの削減：ドナーが食品提供を申し出た際は，原

終章　総括とフードバンクの課題

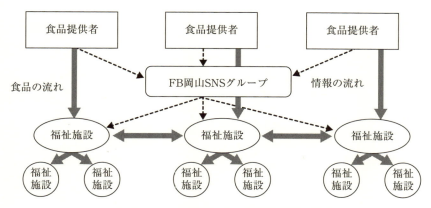

**図終-3　FB岡山における食品と情報の流れ**
資料：FB岡山調査及び糸山ほか（2017）より河野葵作成

則として移動距離が最も短い引き取り団体が配送業務を行うことで，食品輸送コストを削減している。また岡山県外から食品提供の申し出があった際は基本的に受け取りを断り，提供者の近隣のFBを紹介している。

　ネットワーク型FBの課題としては，取り扱う食料の数量が多くなると中継する倉庫や事務所が必要になることである。このネットワーク型FBはFBを開始する団体の初発形態として重要な役割を担うことになるだろう。

　以上，FBの将来方向について叙述したが，日本のカロリーベースの食料自給率が40％を切っている現状で，国内で643万トン（2016年度）のフードロスが生じているのは由々しき事態である。フードロスの減少と生活困窮世帯への一時的な支援だとしても，FBの役割は今後ますます大きくなることは間違いない。

**参考文献**
［1］糸山智栄・石坂薫・原田佳子・増井祥子（2017）『みらいにツケを残さない─フードバンクの新しい挑戦─』高文研
［2］大賀百恵（2017）「食の市民性を持つ消費者として食と農を考える─フード・ポリシー・カウンシル（Food Policy Councils）を事例として─」『同志社政

策科学研究』19（1），pp.295-312
［3］河野葵（2019）「ネットワーク型フードバンクにおける運営の効率化―特定非営利活動法人フードバンク岡山を事例として―」東京農工大学農学部生物生産学科卒業論文，2019年3月
［4］立川雅司（2018）「選択する消費者，行動する市民―食から社会を変える―」秋津元輝・佐藤洋一郎・竹ノ内裕文『農と食の新しい倫理』昭和堂，pp.95-112
［5］野見山敏雄（2013）「農畜産物の安全性問題―半商品経済からのアプローチ―」小野雅之・佐久間英俊『商品の安全性と社会的責任』白桃書房，pp.99-118
［6］野見山敏雄（2019）「食と農を支えるコミュニティ」『住民と自治』2019年7月号，pp.7-11
［7］村田武（2018）「市民・NPOが支える『もうひとつのアメリカ農業』」『農業協同組合新聞』2018年11月28日号

(野見山敏雄)

# おわりに

　筆者がフードバンクの存在を知り，フードバンク活動に興味を引かれるようになったのは，共編著者である小林富雄氏との付き合いからだった。最初にフードバンクを調査したのは，2011年に小林氏と一緒に行った韓国・大田広域市にあるフードバンクの中継基地だった。その規模は想像以上に大きく，まるで食品卸売企業の物流倉庫のようだった。

　その後，2014年から小林氏の科学研究費のメンバーに加えてもらい，パリ，ロンドン，香港，上海，台湾のフードバンクの調査に参加することができた。日本と比較して，フードロス削減のための法制度が整備され，宗教的な規範もあるかもしれないが寄付の文化が広く社会に浸透していることを目の当たりにしたのは良い経験だった。

　一方で，東京農工大学農学部生物生産学科農業市場学研究室の2名の学生（野田健斗，河野葵）が卒業論文研究において，フードバンクをテーマに選び，私も彼らと一緒にフードロスと生活困窮問題を学ぶことができた。これまで調査でお世話になった関係者すべてのお名前を記すことはできないが，心から御礼申し上げる次第である。

　ところで，筆者はこれまで産直研究を35年以上継続してきた。途中，加工・業務用青果物の契約栽培や地産地消に関する研究へと研究テーマは派生してきたが，研究の基幹はなんら変わっていない。フードバンク研究がその研究史のどこに位置付けられるかというと，たぶん2009年から開始した半商品の研究に端を発していると考える。使用価値はあるが交換価値はない捨てられる食品を生活困窮者に有効に配分するというフードバンクの取組は素晴らしい。しかし，本文にも書いたが新自由主義経済が進展する中で経済格差が拡大し，地球上で飽食と飢餓が同時に発生していることは，人類にとってたいへん不幸なことである。このような状況は決して長く続かないし，必ず破綻

を迎えるに違いない。私たち農業経済研究者ができることは，フードロスの増大に警鐘を鳴らし，食料の公平で公正な分配を進めるために必要な施策を提示することだろう。私は微力ながら，そのことに今後も携わっていきたいと考える。

　最後に，本書の発行が遅れたことを編集者の一人としてお詫びしなければならない。そして，この叢書の発行を辛抱強く見守ってくれた日本農業市場学会企画委員会と筑波書房社長の鶴見治彦氏には，心からお礼を申し上げたい。また，本書には日本農業市場学会及び他学会の学会誌に掲載された論文を所収している。転載の許可をいただいた各学会の編集委員会にも厚くお礼申し上げる。

　本書がフードバンク活動を行っている方々，またこれから取り組もうとしている方々の一助になれば望外の幸せである。

　2019年5月

共同編集者を代表して　野見山敏雄

【執筆者】（執筆順）

杉村泰彦（スギムラ ヤスヒコ）第2章
　　琉球大学農学部准教授　博士（農学）
　　主な著書・論文：『自給飼料生産・流通革新と日本酪農の再生（日本農業市場学会研究叢書18）』（共著，筑波書房，2018年），「ベトナム北部の地方都市における安全野菜の流通システム」（共著，『農業市場研究』第26巻第2号，pp.61-68，2017年），「台北市第一果菜批發市場における食品廃棄物の発生要因とその処理：日本の青果物卸売市場との比較を視野に」（共著，『農業市場研究』第22巻第4号，pp.23-33，2014年）ほか

本岡俊郎（モトオカ トシオ）第4章
　　神奈川フードバンク・プラス理事長。
　　京都大学農学部農林経済学科卒（1970年），味の素株式会社，東京青果株式会社勤務を経て，セカンドハーベスト名古屋事務局長（2009年より，2014年同理事長）。2017年より現職

佐藤敦信（サトウ アツノブ）第6章，第7章
　　追手門学院大学地域創造学部准教授　博士（農学）
　　主な著書・論文：『日本産農産物の対台湾輸出と制度への対応』（農林統計出版，2013年），「中国産冷凍野菜の高価格化への食品輸出企業の対応と課題―歩留まり向上に関する取り組みを中心に―」（『農業・食料経済研究』第60巻第2号［通巻77号］，pp.18-25，2014年）ほか

井出留美（イデ ルミ）第8章
　　株式会社office 3.11代表取締役　修士（農学），博士（栄養学）
　　ライオン株式会社，JICA青年海外協力隊，日本ケロッグ株式会社広報室長を経て2011年独立し，現職。2011～2014年セカンドハーベスト・ジャパン広報室長。2018年，第二回食生活ジャーナリスト大賞「食文化部門」受賞。
　　主な著書・論文：『賞味期限のウソ　食品ロスはなぜ生まれるのか』（幻冬舎新書，2016年）ほか

野田健斗（ノダ ケント）第9章
　　東京農工大学農学部生物生産学科卒業，学士（農学）
　　卒業論文「行政との協働によるフードバンク活動について―特定非営利活動法人フードバンク山梨を事例にして―」2016年

## 執筆者紹介

**波夛野豪（ハタノ タケシ）第10章**
　三重大学生物資源学研究科教授　博士（農学）
　主な著書・論文：『有機農業の経済学』（日本経済評論社，1998年），『有機農業運動の展開と地域形成』（共著，農文協，1998年），『ジェンダー学を学ぶ人のために』（共著，世界思想社，2000年），『有機的循環技術と持続的農業』（共著，コモンズ，2008年），『循環型社会の構築と農業経営』（共著，農林統計協会，2008年），『農村版コミュニティビジネスのすすめ』（共著，家の光協会，2008年），『農村社会を組み替える女性たち―ジェンダー関係の変革に向けて―』（共著，農文協，2012年），『農と食の新しい倫理』（共著，昭和堂，2018年）ほか

**種市豊（タネイチ ユタカ）第11章**
　山口大学大学院創成科学研究科農学系学域准教授　博士（農学）
　主な著書・論文：『加工・業務用青果物における生産と流通の展開と展望（日本農業市場学会研究叢書16）』（共編著，筑波書房，2017年），「地域協同型食品産業の展開とその可能性―山口県秋川牧園をケーススタディーとして―」『消費経済研究』（第7号，日本消費経済学会，2018年），「果実輸出における輸送方法の選択に関する一考察―白桃輸出に焦点をあてて―」『流通』（第40号，日本流通学会，2017年），「果実における通い容器利用に関する一考察―和歌山県産　渋柿における品質保全と流通に着目して―」『消費経済研究』（第5号，日本消費経済学会，2016年）ほか

**西田周平（ニシダ シュウヘイ）第11章**
　山口大学大学院創成科学研究科農学系専攻修士課程2年，学士（農学）
　卒業論文「食品ロスにおけるフードバンク活動に関する研究―福岡県におけるフードバンク活動に焦点を当てて―」2018年

**今村主税（イマムラ チカラ）第12章**
　山口県立大学看護栄養学部准教授　博士（工学）
　2017年より特定非営利活動法人フードバンク山口理事長

【編集責任者】

小林富雄（コバヤシ　トミオ）序章，第１章，第２章，第３章，第４章，第５章，第６章，第７章
　　愛知工業大学経営学部教授　博士（農学），博士（経済学）
　　主な著書・論文：『改訂新版食品ロスの経済学』（農林統計出版，2018年），『フードバンク―世界と日本の困窮者支援と食品ロス対策―』（共著，明石書店，2018年）ほか

野見山敏雄（ノミヤマ　トシオ）第９章，終章，おわりに
　　東京農工大学大学院農学研究院教授　博士（農学）
　　主な著書・論文：『加工・業務用青果物における生産と流通の展開と展望』（共編著，筑波書房，2017年），『Research Approaches to Sustainable Biomass Systems』（共著，Elsevier，2013年）『食料・農業市場研究の到達点と展望』（共著，筑波書房，2013年），『食料危機とアメリカ農業の選択』（共著，家の光協会，2009年），『食料・農産物の流通と市場』（共著，筑波書房，2003年），『流通再編と食料・農産物市場』，（共著，筑波書房，2000年），『これからの農協産直―その「一国二制度」的展開―』（共編著，家の光協会，2000年），『産直商品の使用価値と流通機構』（単著，日本経済評論社，1997年）ほか

日本農業市場学会研究叢書No.19

# フードバンクの多様性とサプライチェーンの進化
―食品寄付の海外動向と日本における課題―

定価はカバーに表示してあります

2019年7月15日　第1版第1刷発行

編著者　　小林富雄・野見山敏雄
発行者　　鶴見治彦
　　　　　筑波書房
　　　　　東京都新宿区神楽坂2-19　銀鈴会館　〒162-0825
　　　　　電話03（3267）8599　www.tsukuba-shobo.co.jp

©2019 日本農業市場学会　Printed in Japan
印刷/製本　平河工業社　ISBN978-4-8119-0557-0　C3033